COLECCIÓN
SENDEROS
GEOLÓGICOS 2

La hoz de
Los Calderones

Una escuela de geología

Índice

1. Antes de empezar la ruta

En este volumen de Senderos geológicos os proponemos recorrer una de las gargantas más accesibles y hermosas de León: la hoz de Los Calderones de Piedrasecha. Aunque discurre por un sendero, este sigue el curso de un arroyo que ha erosionado las rocas que atraviesa, dejando al descubierto un conjunto de rocas que transforman el camino en una auténtica escuela de geología. En esta guía, mostraremos qué nos cuentan estas rocas sobre la historia más antigua de la provincia, señalando también otros elementos que otorgan un enorme valor natural a esta ruta.

La guía está organizada siguiendo la mirada geológica, es decir, tratando a las rocas como archivos de la historia de la Tierra y exponiendo las diversas formas de obtener la información que contienen.

Diversos procesos geológicos se han conjugado para que hoy podamos observar, mientras caminamos, un conjunto de rocas que nos hablan de la historia geológica del norte de León.

1.1 Cómo leer un paisaje geológico

Las rocas que forman nuestros paisajes son el resultado actual de un conjunto de procesos geológicos que han sucedido, están sucediendo y se sucederán en el tiempo. En el caso de las zonas formadas por rocas sedimentarias de cierta edad, como ocurre en la garganta de Los Calderones, estos acontecimientos pueden ser agrupados en tres apartados: los relacionados con el **origen** de las rocas; los procesos que las **deforman** (rompen, mueven y doblan) cuando están en el interior de la Tierra; y los sucesos que las **modelan** cuando alcanzan la superficie, provocando así su exposición (usualmente llamada afloramiento) tras haber estado cubiertas, en ocasiones durante millones de años.

El origen de las rocas

Las rocas que atravesamos en la ruta se generaron a partir de **sedimentos** depositados en un fondo marino durante un intervalo de tiempo de unos 40 millones de años. Una vez depositados y enterrados, los sedimentos comienzan un conjunto de procesos físicos y químicos que los transforman en rocas. Estos procesos acontecen en el interior de la Tierra, aunque no a gran profundidad (unos 5 – 6 km y bajo una temperatura inferior a 200ºC).

A lo largo del tiempo geológico se producen numerosos cambios que afectan al clima, al nivel del mar, a diversos factores que modifican la química del agua y, también, a los organismos que habitan el planeta. Estos cambios quedan reflejados en los sedimentos y, por tanto, en las rocas a que dan lugar. Por este motivo, a medida que recorremos el sendero atravesamos distintos tipos de rocas, a la vez que van variando las estructuras geológicas y los fósiles que se encuentran en ellas. De esta forma, como si de una ventana al pasado se tratara, visitar esta garganta con ojos geológicos es recorrer un pedacito de la historia de la Tierra.

La mayoría de las **rocas sedimentarias** se organizan en unas capas llamadas **estratos,** que tienen disposición horizontal en su origen. Pero en esta ruta veremos muchos estratos no horizontales. El motivo es la llamada deformación tectónica.

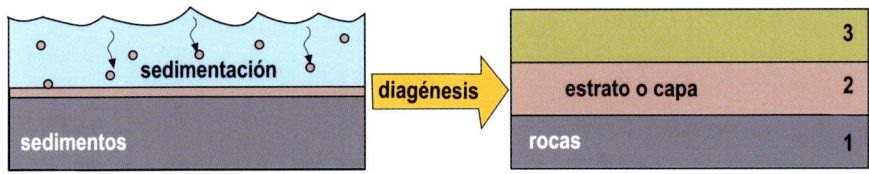

El depósito de los sedimentos suele ser discontinuo y mostrar alternancia de materiales. Por este motivo, los sedimentos y las rocas sedimentarias que originan se organizan en unas capas, inicialmente horizontales, llamadas estratos.

La deformación de las rocas

Las rocas pueden pasar millones de años en las condiciones de presión y temperatura que hay en la parte más superficial del interior terrestre, pero todos los cuerpos rocosos tienen un punto (determinado por la presión, temperatura y esfuerzos que soportan) en el que pueden romperse o incluso doblarse. Este punto se alcanza en varios lugares de la Tierra, especialmente en los márgenes de las placas tectónicas, produciendo una alteración en forma, tamaño, orientación o posición de una masa de rocas. Se habla entonces de **deformación tectónica**. La mayor parte de la misma está asociada a orogenias, es decir, a episodios de acercamiento y colisión de placas en los que la deformación de las rocas en el interior conduce a la formación de cordilleras en la superficie.

El resultado de la deformación depende de muchos parámetros, entre los que se incluye el esfuerzo (relación entre la fuerza y la superficie en la que se aplica), el tipo de roca y el tiempo, pero el efecto final es de dos tipos básicos que suelen aparecer combinados:

1. **Rotura de la roca** mediante diaclasas y fallas (fracturas con desplazamiento de un lado en relación a otro). En una variante muy común en el norte de León, la rotura va acompañada del desplazamiento, en ocasiones kilométrico, de parte de la masa rocosa sobre otra; son los llamados cabalgamientos, un tipo especial de falla inversa. Cuando el cabalgamiento tiene un desplazamiento superior a 5 km, las rocas situadas sobre la falla reciben el nombre de manto.

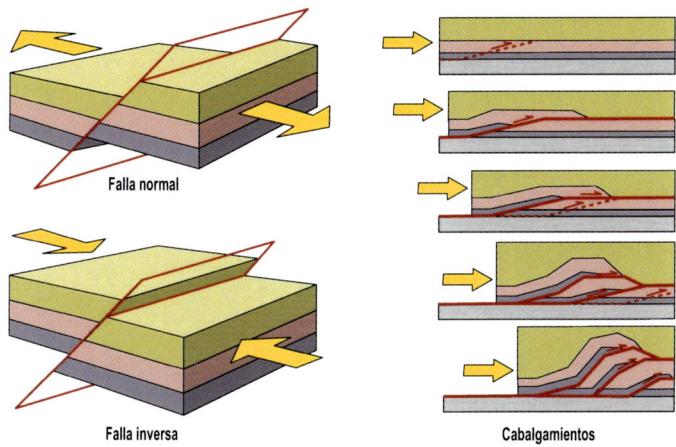

Principales elementos tectónicos producidos por la fracturación de las rocas. Las fallas normales se generan en deformaciones con predominio de la distensión (estiramiento) mientras que las fallas inversas resultan de esfuerzos principalmente compresivos (contracción). Un tipo especial de falla inversa son los cabalgamientos (fractura y desplazamiento sobre materiales) que provocan el apilamiento y repetición de los estratos, multiplicando el espesor de un conjunto de rocas.

2. **Plegamiento de las rocas,** es decir, cambios en la forma, tamaño y disposición de las capas pero sin necesidad de rotura. En cada pliegue, el eje de simetría dibuja un plano imaginario o plano axial. Dentro de este plano, se define el eje como una línea, también imaginaria, que marca la zona de charnela, es decir, el lugar donde las capas se doblan para pasar de un lado (flanco) a otro del pliegue. Cuando, por inclinación del eje, la charnela aflora en superficie, podemos observar la roca doblándose y hablamos de la existencia de un cierre periclinal. Esto último ocurre cuando el eje muestra cierta inmersión.

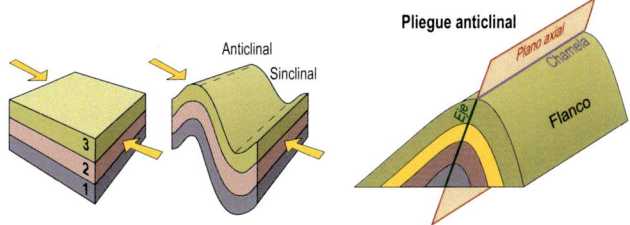

Proceso de formación de pliegues por esfuerzos de compresión y partes principales que se diferencian en un pliegue. La ruta de Los Calderones nos ofrece todo un muestrario de pliegues, con tamaños y formas muy diversos, aunque todos ellos se han originado por procesos de compresión.

Por tanto, estos procesos de deformación tectónica son los responsables de la presencia de capas de rocas verticales, inclinadas, plegadas, fracturadas o desplazadas.

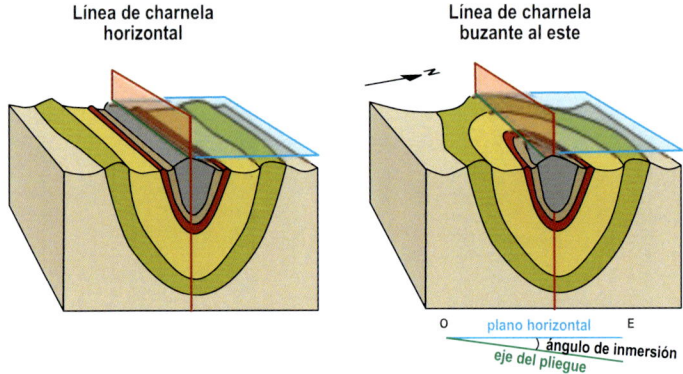

Diagrama geológico simplificado de un pliegue con el eje horizontal (izquierda) y del Sinclinal de Alba, afectando a las rocas que se encuentran en el desfiladero de Los Calderones (derecha). En este pliegue el eje tiene una ligera inmersión hacia el este.

El modelado de las rocas

Una vez que las rocas quedan expuestas en la superficie, empiezan a experimentar otro tipo de procesos, llamados **meteorización** y **erosión**. Se trata de procesos que disgregan la roca, generados por la acción de los agentes y procesos geológicos externos (agua superficial y subterránea, hielo, diferencias de temperatura, viento cargado con partículas, gravedad y seres vivos). El resultado es doble: por un lado, se crea la parte abiótica del suelo y, por otro, se genera la forma que tiene cualquier superficie, lo que denominamos **relieve**, con zonas erosionadas y otras con nuevos depósitos de sedimentos.

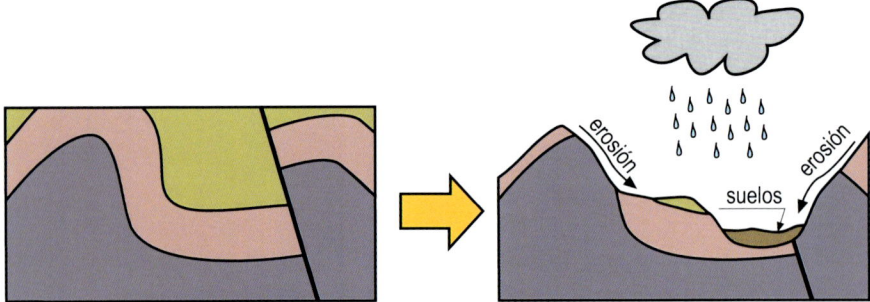

Una vez que las rocas quedan expuestas en la superficie éstas quedan sometidas a procesos de alteración y erosión, dando lugar a depósitos, suelos y a la formación del relieve.

1.2 Una ojeada a las rocas sedimentarias

Las rocas que conforman esta ruta son del tipo sedimentario, es decir, que se forman a partir de la acumulación y compactación, mediante diferentes procesos, de sedimentos. Como ocurre con todo elemento natural, agrupar rocas sedimentarias no es sencillo, pero hay dos clasificaciones que abarcan la mayoría de ellas.

Clasificación de las rocas sedimentarias

Clasificación en función del tipo de sedimento original: tiene en cuenta la naturaleza de los sedimentos. Estos pueden ser partículas, también llamadas clastos o detritos, es decir, fragmentos de otras rocas, minerales, conchas, etc. Se habla entonces de rocas sedimentarias detríticas o clásticas.

Pero los sedimentos pueden también ser partículas procedentes de la precipitación química de sustancias disueltas en el agua. Hablamos entonces de rocas sedimentarias químicas. En un paso más allá, si la precipitación de estos minerales ha sido provocada por la actividad de organismos (por ejemplo, cuando un coral fabrica su esqueleto o un mejillón su concha) hablamos de rocas sedimentarias bioquímicas. Este tipo de rocas se suele subdividir en función del tamaño de la partícula que la forma.

Clasificación en función de la mineralogía: tiene en cuenta el tipo de mineral mayoritario que constituye la roca y, aunque hay muchos minerales en las rocas sedimentarias, estos son básicamente de dos tipos: silicatos y carbonatos. Los silicatos son minerales que contienen silicio (Si) unido a oxígenos (O) y a otros elementos químicos con aluminio (Al), hierro (Fe), magnesio (Mg), potasio (K), sodio (Na) y muchos otros. Son los minerales más frecuentes de la corteza terrestre, destacando entre ellos el cuarzo, el feldespato, las micas y los minerales de la arcilla.

El segundo tipo de minerales frecuentes son los carbonatos, formados por al anión carbonato (CO_3^{2-}) al cual se une el calcio (Ca) y el magnesio (Mg).

Aunque puede haber rocas detríticas y químicas con ambas mineralogías, lo más usual es que las rocas detríticas estén compuestas por partículas de silicatos, mientras que las rocas químicas sean de naturaleza carbonatada. Estos dos grupos de rocas se reconocen fácilmente en el paisaje y están en la base de la vegetación que aparece en muchos de estos lugares. Un resumen de las mismas aparece en el cuadro adjunto.

En los paisajes del norte de León es habitual la alternancia de ambos tipos de roca y la presencia de las variedades citadas. Este hecho da lugar a paisajes muy diversos, en los que alternan rocas más oscuras (cuarzoarenitas) con otras peñas más claras (calizas compactas) y con laderas suaves colonizadas tanto por herbáceas (lo usual el caso de las calizas) como por matorral y bosque (habitual en el caso de lutitas y areniscas). En estas alternancias se encuentra también el origen de la presencia de líquenes y flora tanto acidófila como basófila.

Rocas sedimentarias	
Rocas detríticas	**Rocas (bio)químicas**
Se originan por acumulación y compactación de partículas como granos de limo o de arena	Se originan por precipitación química de sales disueltas en el agua. El proceso puede ser inorgánico o estar favorecido por seres vivos.
Formadas usualmente por minerales del tipo silicatos. Los más frecuentes son cuarzo, feldespatos, micas y minerales de la arcilla.	Formadas usualmente por minerales de tipo carbonato. Los minerales más frecuentes son la calcita y la dolomita.
Se clasifican en función del tamaño del clasto.	Se clasifican en función del mineral que las forma.
Tres grandes grupos: • CONGLOMERADOS: cuando el clasto es tamaño grava. • ARENISCAS (= ARENITAS): cuando la partícula es tamaño arena. Son rocas permeables, que se erosionan con facilidad generando suelos. Una excepción son las CUARZOARENITAS, areniscas ricas en cuarzo que son muy resistentes a la erosión. • LUTITAS (= LIMOLITAS + ARCILLITAS): cuando las partículas son tamaño limo o arcilla, invisibles al ojo humano. Son rocas impermeables que pueden tener diferentes colores por la presencia de distintos pigmentos.	Las más usuales son: • CALIZAS: formadas por el mineral calcita $CaCO_3$ • DOLOMÍAS: formadas por el mineral dolomita $CaMg(CO_3)_2$ • MARGAS: calizas con arcillas • Otras rocas como la sal o el sílex son mucho menos usuales.
Las rocas resistentes a la erosión (conglomerados y cuarzoarenitas): generan escarpes.	Las calizas poco estratificadas o muy puras: generan zonas elevadas de paredes desnudas
Las rocas poco resistentes a la erosión (lutitas y areniscas con poco cuarzo): generan laderas de pendientes suaves, usualmente colonizadas por matorral o bosque.	Las calizas en estratos finos o con arcillas: generan pendientes más suaves con vegetación herbácea. Las dolomías son, en general, menos resistentes que la erosión que las calizas.
Su meteorización genera suelos bien desarrollados y ligeramente ácidos, fácilmente colonizados por líquenes y vegetación acidófila.	Su meteorización genera suelos poco desarrollados y con pH neutros o ligeramente básicos. Colonizados por líquenes y vegetación con querencia por estos ambientes.

Aspecto de los dos principales tipos de rocas sedimentarias que afloran en la ruta. A la izquierda, una cuarzoarenita cubierta de líquenes que le dan la tonalidad oscura; está rodeada de rocas menos resistentes a la erosión, posiblemente lutitas y areniscas que generan suelos colonizados por un robledal. A la derecha, calizas mostrando la típica tonalidad gris clara; se trata de una roca muy estratificada y que, por tanto, se erosiona con cierta facilidad dando lugar a laderas suaves en las que crece vegetación típica de estas rocas.

Estratos y columnas estratigráficas

Las partículas sedimentarias, tanto clastos como minerales precipitados, que forman las rocas sedimentarias se depositan formando capas horizontales que ocupan el fondo de zonas deprimidas del planeta (lagos, ríos, playas, fondos marinos, desiertos, etc.). Puesto que este depósito tiene interrupciones, y el tipo y cantidad de sedimento que se deposita depende de las condiciones ambientales, los sedimentos se organizan en unas capas llamadas **estratos**. Al variar los factores ambientales (temperatura, precipitaciones, nivel del mar, etc.), el tipo de sedimento y los fósiles que contiene cada capa o conjunto de capas también es diferente.

A lo largo del tiempo, este proceso da lugar a secuencias de estratos horizontales que, tras ser enterrados y sometidos a varios procesos físico-químicos, se transformarán en conjuntos de rocas consolidadas. **A menudo, se dice que estas capas son como las hojas de un libro, en las que se han conservado algunos párrafos que la geología es capaz de descifrar.**

Para mostrar de un vistazo estas secuencias se utilizan unas representaciones gráficas llamadas columnas estratigráficas. Estas columnas se leen siempre de abajo a arriba, es decir, de más antiguo a más moderno, y llevan una pequeña escala de tiempo geológico que nos permite situar temporalmente estas rocas.

Todas las columnas incluyen información sobre el tipo de rocas que las forman y, en muchos casos, se indican también las estructuras sedimentarias y/o fósiles que aparecen en las capas. La "lectura" de estos elementos geológicos permite reconocer el ambiente donde se produjo el depósito del material que dio origen a la roca.

Las rocas depositadas en un mismo ambiente y a lo largo de un tiempo dado se agrupan en unidades llamadas Formaciones, que reciben diferentes nombres, usualmente de localidades o accidentes geográficos próximos al lugar donde han sido definidas.

Otro aspecto curioso que se dibuja en muchas de estas columnas es la anchura de los diferentes conjuntos de roca. Este diseño no está directamente relacionado con el origen de la roca, como es el caso de los otros rasgos, sino con el aspecto actual de la misma. Como se indicó al hablar de las rocas sedimentarias, algunas de ellas son más resistentes a la erosión que otras, lo que se traduce en terrenos con relieves elevados entre zonas topográficamente más bajas. Así, cuarzoarenitas o calizas poco estratificadas nos darán zonas elevadas mientras que las lutitas, las margas o las calizas muy estratificadas generarán valles amplios o colinas suaves. En la columna, la anchura con la que se representan los diferentes conjuntos de rocas nos indica este rasgo: si unos materiales sobresalen mucho en la columna, también lo harán en el relieve de la zona y, al contrario, rocas representadas con menor anchura serán zonas deprimidas o suaves en el paisaje.

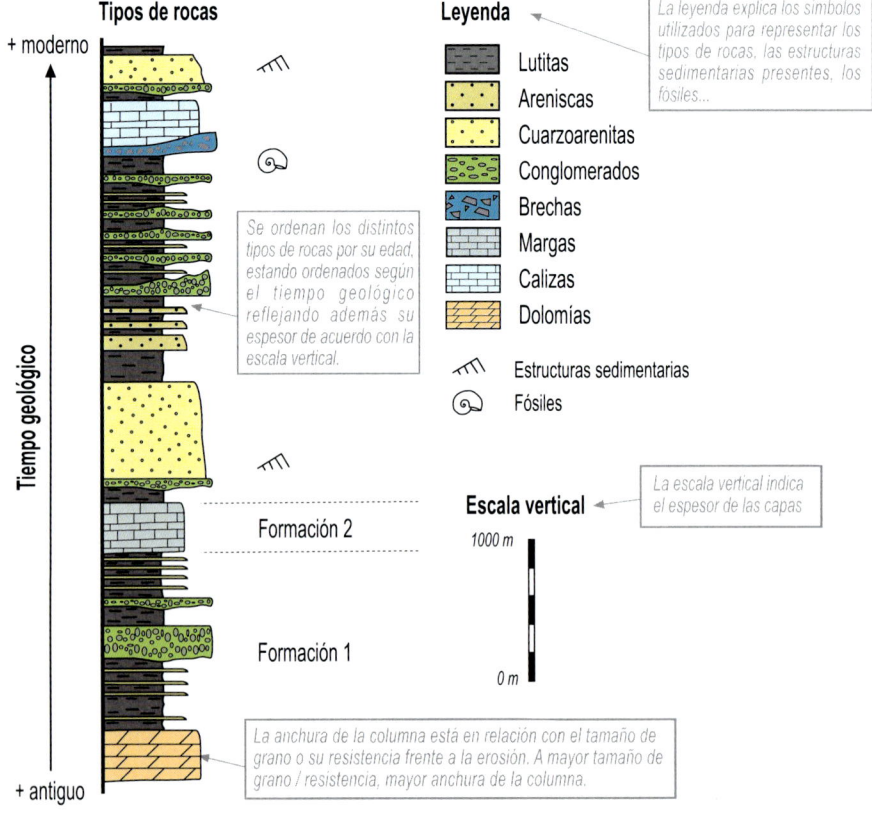

Esquema idealizado mostrando los distintos elementos que forman una columna estratigráfica.

1.3 Breve descripción de la ruta

La garganta de Los Calderones se sitúa al norte de la localidad de Piedrasecha, municipio de Carrocera, en el norte de la provincia de León. El camino comienza en la salida noroeste del pueblo y sigue el arroyo que da nombre al desfiladero.

El sendero cuya geología mostramos en esta guía forma parte de una ruta más amplia señalizada por la Asociación Cuatro Valles y denominada Ruta de Los Calderones de Piedrasecha. Se trata de un recorrido de unos 6 km de longitud, pero aquí sólo trataremos de los primeros 3 km (de ida), hasta la vega de Santas Martas, en los que la geología determina no sólo el sustrato que pisamos, sino también gran parte de los paisajes que atravesamos.

Con fines expositivos, hemos dividido la ruta en tres tramos bien diferenciados:

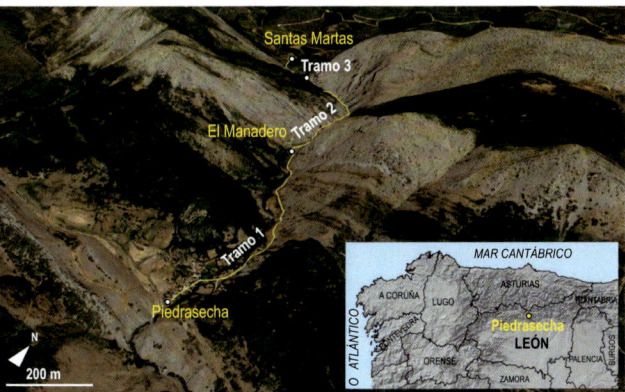

Localización y ruta indicando los tres tramos en que se ha dividido.

Tramo 1. Desde Piedrasecha hasta el inicio del desfiladero. Este tramo comienza tras atravesar el pueblo por la calle principal y dejar atrás sus últimas edificaciones. Enseguida, la calle se transforma en una pista de tierra que tiene a su izquierda el cauce del arroyo y, a su derecha, una ladera desnuda con rocas de tonalidad negra y ocre. *Esta parte del camino nos permitirá leer diferentes tipos de rocas, con orígenes distintos, así como relacionar las rocas con el paisaje actual.*

Aspecto del tramo 1, en el que se aprecia la vegetación que enmarca este recorrido y, al fondo, las calizas que se atraviesan en el tramo 2.

Inicio del tramo 2, en la zona conocida como El Manadero. Se observa cómo el camino se adentra en la garganta.

Parte final del tramo 2 e inicio del 3, donde desaparecen las paredes verticales y el valle vuelve a abrirse.

En el tramo final de esta ruta, el agua vuelve a correr en superficie. La presencia de algunas capas de rocas especialmente resistentes a la erosión da lugar a varias cascadas de corto recorrido.

Tramo 2. Aproximadamente a 1,5 km del inicio, en el paraje conocido como El Manadero, el agua del arroyo desaparece bajo las rocas y entramos en el desfiladero propiamente dicho. Gran parte del tramo, unos 850 m, tiene cierta exigencia, ya que transcurre por el propio lecho del arroyo, donde se acumulan rocas de diferentes tamaños y formas, apiladas de manera caótica entre las paredes de la garganta. En épocas de deshielo o lluvias recientes, este es el camino que sigue el agua y, por tanto, la garganta se torna impracticable. No obstante, la mayor parte del año el agua discurre subterráneamente y tan sólo se encuentran charcos locales de pequeño tamaño pero que, en invierno, pueden estar helados. *Geológicamente, este tramo nos adentra en el centro de un gran pliegue y nos permite observar la belleza natural generada por la deformación tectónica.*

Tramo 3. El último tramo de la ruta, de unos 300 m de longitud, transcurre ya fuera del desfiladero y, a partir de un punto, las aguas del arroyo vuelven a escucharse a la izquierda del camino. La ruta que aquí describimos finaliza en una vega, antiguo poblamiento de Santas Martas, actualmente ocupado sólo por unos edificios para uso ganadero. *Este tramo nos permite observar la existencia de una repetición de los conjuntos rocosos observados en el tramo 1, que es un efecto de la existencia de un plegamiento de las rocas. También se aprecian diversas relaciones entre gea y paisaje, incluyendo algunas bonitas cascadas condicionadas por la disposición de las capas en este sector.*

1.4 La historia geológica: un mar y dos cordilleras

Desde un punto de vista geológico, la ruta recorre una parte de la llamada Zona Cantábrica, la región geológica donde se ubica la montaña central y oriental de la provincia de León. Se trata de una parte del Macizo Ibérico, un gran conjunto de rocas de edad Precámbrico y Paleozoico que constituye gran parte del occidente de la península Ibérica.

La Zona Cantábrica está formada por diversos tipos de rocas sedimentarias generadas a partir de sedimentos depositados, en su mayor parte, en fondos marinos del pasado. Posteriormente, estas rocas fueron fracturadas y plegadas en dos momentos distintos, y actualmente son modeladas por agentes y procesos como el hielo, el agua, los contrastes de temperatura, la gravedad o los seres vivos. Son los matices en la historia geológica de esta Zona Cantábrica los que han permitido diferenciar varias regiones dentro de ella.

Situación geológica general del desfiladero de Los Calderones (recuadro rojo). En la imagen inferior izquierda se muestran las distintas regiones geológicas que conforman el Macizo Ibérico de la península Ibérica. La garganta que visitamos se sitúa en la Zona Cantábrica que fue dividida por el geólogo Manuel Julivert (1967) en diferentes regiones geológicas. En concreto, esta zona se sitúa en la llamada Región de Pliegues y Mantos.

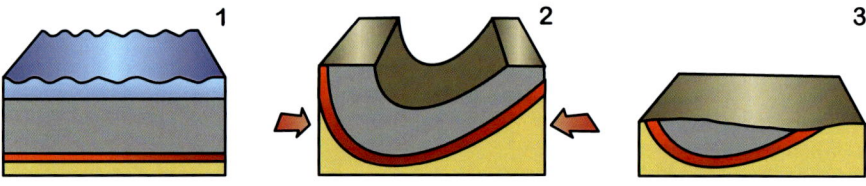

Las montañas de León tienen una historia compleja pero que puede ser resumida en tres episodios. Comienza con el depósito de diferentes tipos de sedimentos, en su mayoría en un fondo marino (1). Tras transformarse en rocas han experimentado dos momentos diferentes de formación de montañas (las llamadas orogenias varisca y alpina) que las han plegado y fallado (2). Finalmente, los procesos erosivos que llevan actuando miles de años, les han conferido su morfología actual (3).

Pero, **¿cuál es el origen geológico de nuestras montañas?** Si pudiéramos observar la geografía de nuestro planeta hace unos 400 Ma (millones de años), veríamos una gran masa continental situada en el hemisferio sur (Gondwana) y varios continentes menores situados al norte de ella. Como consecuencia de la dinámica de las placas tectónicas, y a lo largo de unos 150 Ma, Gondwana se movió hacia el norte al mismo tiempo que los continentes septentrionales lo hicieron hacia el sur. El resultado fue una gran colisión continental, acontecida hace unos 320-300 Ma y que dio lugar a la formación de un continente único llamado Pangea.

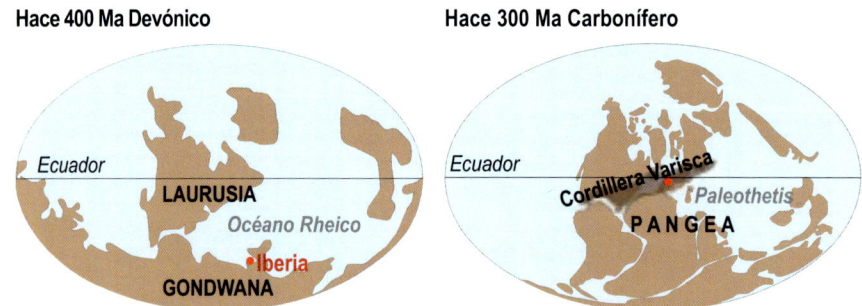

Aspecto de la Tierra en el Devónico (hace unos 400 Ma) y en el Carbonífero más tardío (hace unos 300 Ma), con indicación de la posición aproximada de la península ibérica (punto rojo). Durante este tiempo, las rocas que ahora forman gran parte de Iberia eran sedimentos que se depositaban en fondos marinos situados en la costa norte de Gondwana. Al cerrarse el océano Rheico, el choque de continentes generó una enorme elevación montañosa, que recibe el nombre de cordillera varisca.

Los movimientos continentales que dieron lugar a Pangea produjeron también el cierre del océano Rheico, nombre que recibe el mar que había entre los continentes anteriormente citados. En consecuencia, tanto el conjunto de capas sedimentarias depositadas en el fondo marino como los estratos de rocas acumulados en la parte más superficial de la corteza terrestre experimentaron una contracción progresiva, que dio lugar a la formación de la enorme cordillera varisca. La composición precisa de estas montañas, que cruzaban el supercontinente Pangea, variaba en función de la localización e historia geológica, de tal forma que en unos lugares estaba formada por rocas ígneas, en otros por metamórficas y en otros por sedimentarias.

Las montañas del norte de León están construidas con rocas sedimentarias que en su momento formaron parte de la zona más externa (menos deformada, más alejada del frente de choque) de esta antigua cordillera. Estas rocas están deformadas por diferentes tipos de pliegues y de fallas, muy especialmente por las fallas denominadas cabalgamientos. Su formación dio lugar al transporte y apilamiento de espesos conjuntos de rocas, siempre afectados por pliegues de diferentes tipos y tamaños. Estos procesos son los que explican que, tanto en la ruta que vamos a seguir como en muchas otras sendas de las montañas leonesas, los estratos se encuentren verticales o muy inclinados.

Imagen de varios pliegues de tamaño medio que se pueden observar en el tramo 2 (garganta) de la ruta de Los Calderones. La altura de la fotografía es de en torno a 1 m.

A pesar del gran tamaño alcanzado por la cordillera varisca, se sabe que a inicios del Mesozoico se encontraba ya muy erosionada, formando una planicie que sería invadida por el mar en varios momentos posteriores. Sin embargo, las rocas deformadas de esta antigua cordillera siguieron formando parte de las capas más superficiales del planeta durante millones de años y jugarían un papel muy importante en la formación de la actual cordillera cantábrica.

En efecto, la orogenia varisca no es la única que ha afectado a las montañas que ahora recorremos. Hace unos 60 Ma, a inicios de la llamada era Cenozoica, la placa africana comenzó a empujar a la microplaca ibérica hacia el norte, forzándola a chocar contra la placa euroasiática. Se inició así un nuevo episodio contraccional (compresivo) conocido como orogenia alpina. Durante esta orogenia, todavía activa en algunos lugares del planeta, se crearon nuevas fallas, se reactivaron otras antiguas y se volvieron a apretar algunos pliegues en las rocas deformadas previamente. El resultado general es la elevación de las rocas del Paleozoico sobre la actual cuenca del Duero.

Desde el punto de vista tectónico, el Cenozoico está marcado por el desarrollo de la orogenia alpina, con la formación de una serie de cordilleras menores que recorren el sur de Europa y Asia.

La formación de la cordillera pirenaico-cantábrica, donde se enmarca la cordillera cantábrica, ha sido motivada por el empuje hacia el norte de la placa africana. Este empuje se inició hace unos 60 Ma y provocó, además de la formación de diversas cadenas montañosas, el movimiento hacia el norte de la microplaca ibérica y la apertura del golfo de Vizcaya.

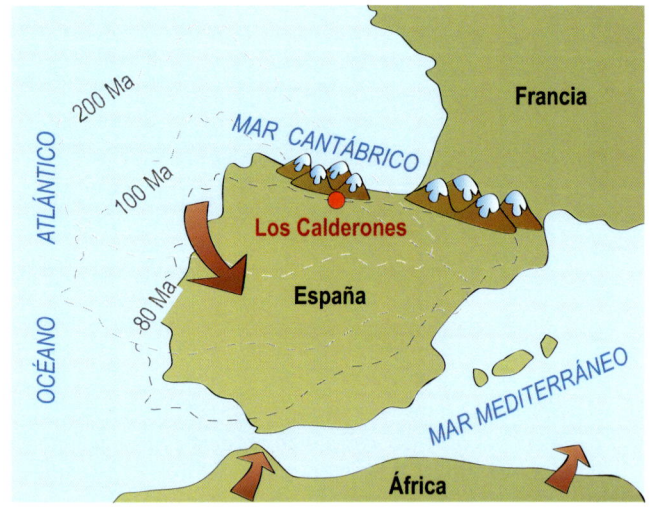

Por tanto, la respuesta a la pregunta habitual de ¿cuál es la edad de estas montañas? no es sencilla. Aunque las montañas que observamos y recorremos son mucho más recientes, levantadas entre hace 60 y 30 Ma (Cenozoico), las rocas de las que están formadas se originaron a partir de sedimentos de entre 500 y 300 Ma, y muchas de sus estructuras de deformación originales corresponden a la orogenia varisca, es decir que son del final de esa misma época (Paleozoico).

El viaje de Gondwana

La Tierra es un planeta dinámico. Esto quiere decir que, debido a los flujos de energía que se mueven en ella, existen procesos activos que producen cambios de forma continuada. Cambios que afectan al relieve, la geografía, el nivel del mar, el clima, los paisajes, los seres vivos, etc.

Uno de los cambios más importantes se observa en los movimientos de los fragmentos en los que se divide la parte más superficial del planeta: las llamadas placas tectónicas. Estos movimientos producen la agrupación y separación de masas continentales y, por tanto, cambian la geografía de la Tierra.

Hace unos 550 Ma, un conjunto de tierras emergidas (continentes) se agrupó en un continente mayor, situado en el entorno del polo sur. Este continente es llamado Gondwana en referencia a Gond, una región del norte de la India, y es uno de los protagonistas más destacados de la historia geológica de León.

A grandes rasgos, Gondwana estaba formado por terrenos que hoy pertenecen a América del Sur, África, India, Australia, Antártica, sur de China, península arábiga e incluso varios lugares del actual sur de Europa, incluyendo la península ibérica. Ésta se situaba en el norte de Gondwana y era una especie de isla rodeada de mar en el sur del llamado océano Rheico, cuyas aguas bañaban las costas de dicho continente.

A lo largo del Paleozoico, Gondwana fue cambiando de posición, moviéndose hacia el norte hasta chocar con otro conjunto de continentes situados en posición más septentrional. El cierre del océano Rheico hace unos 300 Ma, y la consiguiente colisión continental dio lugar al supercontinente Pangea, recorrido por la gran cordillera varisca y cuyos restos son el germen de las actuales montañas cantábricas.

Imagen de varios mapas paleogeográficos mostrando el viaje de Gondwana a lo largo del Paleozoico (entre 530 y 220 Ma). La posición de los materiales que darían lugar a la actual garganta de Los Calderones se indica con un punto rojo.

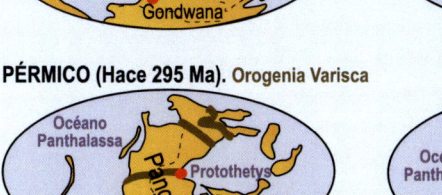

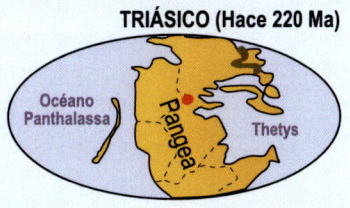

1.5 Algunas claves para leer la historia geológica

Como hemos comentado anteriormente, cada lugar es el resultado de una historia geológica que, para mejor comprensión, puede dividirse en tres apartados: la organización de las rocas sedimentarias en relación con el tipo de roca (litología) y con su origen (estratigrafía); la deformación de estas rocas (tectónica) y el modelado del paisaje final (geomorfología). Antes de describir la ruta, nos parece interesante comentar algunos métodos y estrategias que permiten obtener información en estos tres aspectos, centrándonos siempre en la garganta de Los Calderones.

Rocas y formaciones estratigráficas

El arroyo de Piedrasecha ha erosionado el sustrato geológico exponiendo una parte de las rocas que conforman el sustrato de la montaña leonesa. Desde el inicio de la ruta y hasta su entrada en el desfiladero, la verticalidad de los estratos nos permite, en muy poco recorrido, identificar una completa secuencia de rocas desde el Devónico más moderno (unos 365 Ma) hasta el Carbonífero más antiguo (unos 325 Ma).

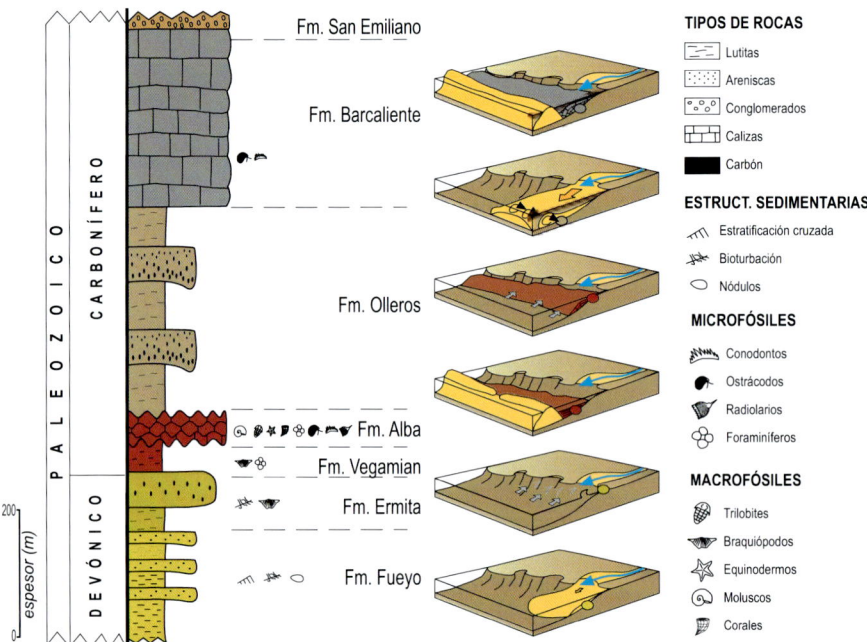

Columna estratigráfica que representa los diferentes materiales geológicos que se observan en la ruta, desde el más antiguo en la parte inferior al más moderno en la superior. La columna se completa con varias representaciones del medio ambiente en el cual se depositaron los sedimentos que dieron lugar a estas rocas, donde el círculo en colores muestra la zona más probable de depósito de cada conjunto rocoso.

Los tipos de rocas sedimentarias que se observan en la ruta serán descritas en detalle en el apartado *En ruta* pero, a nivel geológico es habitual exponerlas utilizando una forma de representación que recibe el nombre de columna estratigráfica.

Observando la columna se puede apreciar que los diferentes tipos de rocas están agrupados en unos conjuntos llamados formaciones (abreviado Fm.), que son las unidades básicas de trabajo de las rocas sedimentarias (ver apartado 1.2). Cada formación agrupa a un conjunto de rocas procedentes de sedimentos depositados en un lugar concreto, usualmente representativo de un ambiente determinado, a lo largo de un lapso de tiempo. Aunque el tipo de rocas y fósiles presentes en una formación puede variar, cada una de ellas registra lo que ocurría en un momento y lugar de la historia de la Tierra.

A lo largo de la ruta, nos encontraremos con 7 formaciones diferentes que, de más antigua a más moderna, reciben el nombre de Fueyo, Ermita, Vegamián, Alba, Olleros, Barcaliente y San Emiliano. El orden de estas formaciones, tal y como aparecen en la primera parte de la ruta, se corresponde con aquel en el que originariamente se depositaron estos materiales. Es decir, a medida que avancemos en la ruta "subiremos" por la columna geológica atravesando formaciones sucesivamente más jóvenes, aunque en la ruta diseñada no se alcanza la última de ellas, la Fm. San Emiliano, que está situada a una altitud mayor a la del recorrido.

El Sinclinal de Alba

Una vez que las rocas se forman (e incluso mientras lo hacen), en un proceso que puede llevar millones de años, su historia no ha hecho sino comenzar, ya que los enormes esfuerzos ejercidos por las placas tectónicas deforman los estratos, provocando su rotura, plegamiento y elevación, es decir, formando montañas.

La formación de la cordillera varisca es la que, como se explica en el apartado 1.4 (La historia geológica: un mar y dos cordilleras), provocó la deformación de las rocas entre las que transcurre esta ruta. En concreto, en esta zona, los complejos procesos tectónicos dieron lugar a un pliegue de grandes dimensiones conocido como el **sinclinal de Alba**.

Por definición, decimos que un pliegue es un sinclinal cuando los materiales más modernos de la secuencia estratigráfica se encuentran en su núcleo o parte central. En este caso, el núcleo contiene materiales carboníferos: las calizas de la Fm. Barcaliente y los conglomerados, areniscas y lutitas de la Fm. San Emiliano. Por el contrario, la parte más externa del pliegue (coincidente con el inicio de la ruta) está constituida por las formaciones más antiguas (Fueyo y Ermita, que son del Devónico; y Vegamián, Alba y Olleros, ya del Carbonífero).

El plegamiento de las rocas en este sinclinal se observa muy bien tanto en los mapas geológicos como en las fotografías aéreas. Esto es debido a que su eje se inclina hacia el este, por lo que la zona donde doblan las capas (charnela) es visible en el terreno. Además, a vista de pájaro, su forma está definida por las formaciones calcáreas, que son más resistentes a la erosión que otras rocas de su entorno, resaltando en el paisaje.

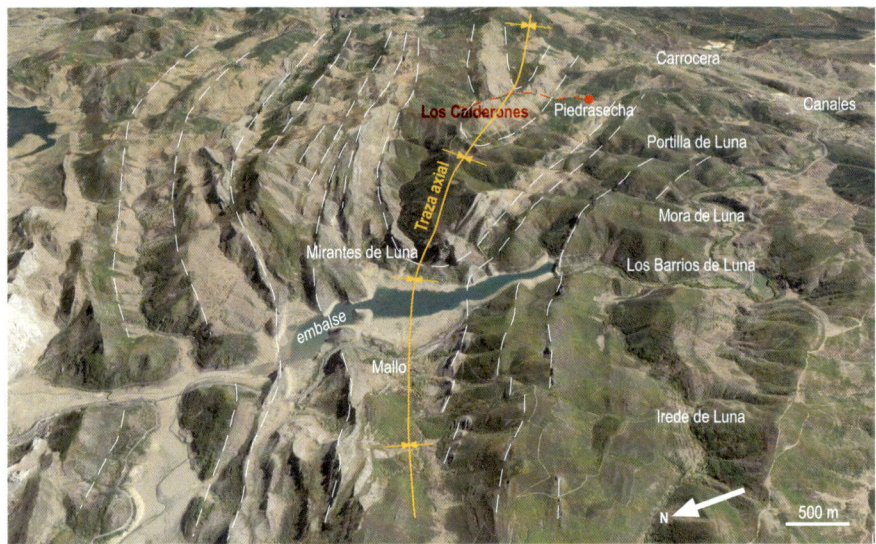

Imagen aérea interpretada mostrando el sinclinal de Alba desde el oeste. Se identifica en amarillo la llamada traza axial que recorre la zona donde se doblan las capas.

Otro efecto resultante de la formación de pliegues, y que se observa muy bien en la ruta de Los Calderones, es la repetición de la secuencia de rocas plegadas a ambos lados de la charnela y que, en este caso, involucra los materiales devónicos y carboníferos que observamos en el recorrido de la ruta.

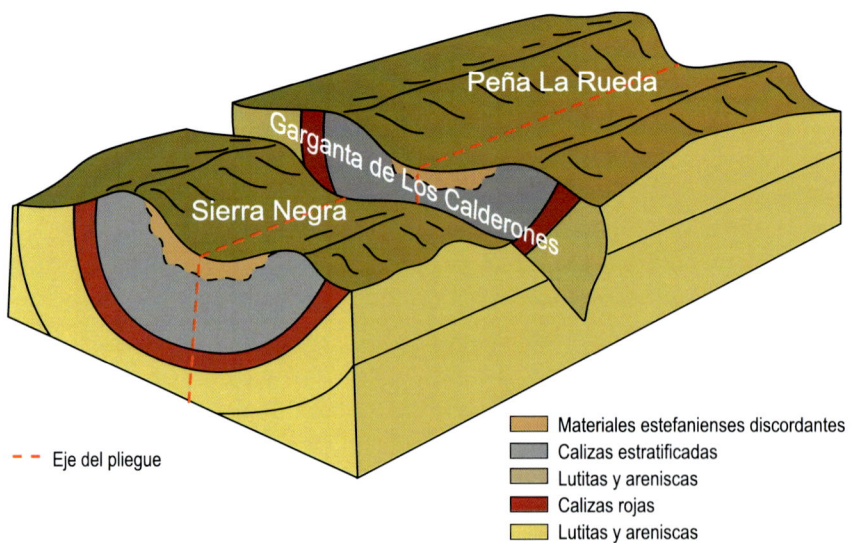

Esquema de un cluse, estructura que se forma cuando una red fluvial atraviesa de forma perpendicular las estructuras geológicas. En este caso, el arroyo de Los Calderones sigue una dirección perpendicular al trazado del eje del pliegue denominado sinclinal de Alba.

Atravesando el sinclinal de Alba

Debido a su tamaño, el sinclinal de Alba sólo se puede apreciar desde el aire, es decir, utilizando fotografías aéreas o de satélite, aunque la forma plegada también se identifica en el mapa geológico. Tanto en fotografía aérea como en la cartografía geológica (ver imagen, zona central) se observa un conjunto de estratos que dibujan una gran V y que se repiten a ambos lados de la misma.

El arroyo de Los Calderones ha seccionado perpendicularmente este pliegue, creando una ruta que atraviesa la estructura y cuyo perfil se muestra en la parte inferior de la imagen. El sendero se inicia en el flanco o lado sur del sinclinal, y atraviesa las formaciones Fueyo (punto 1), Ermita, Vegamián (muy delgada y por tanto no representada en el esquema), Alba (punto 2), Olleros (punto 3) y Barcaliente (punto 4). En un punto de la garganta, allí donde se abre a un espacio más amplio, atravesamos la charnela o zona donde doblan las capas. Y seguimos recorriendo el camino con las formaciones en el orden inverso.

Por tanto, aunque no veamos el pliegue de forma directa, sabemos que lo estamos atravesando por la repetición en sentido contrario de las formaciones y, también, por la gran cantidad de pliegues que vemos en la ruta, especialmente en la zona que atraviesa su charnela.

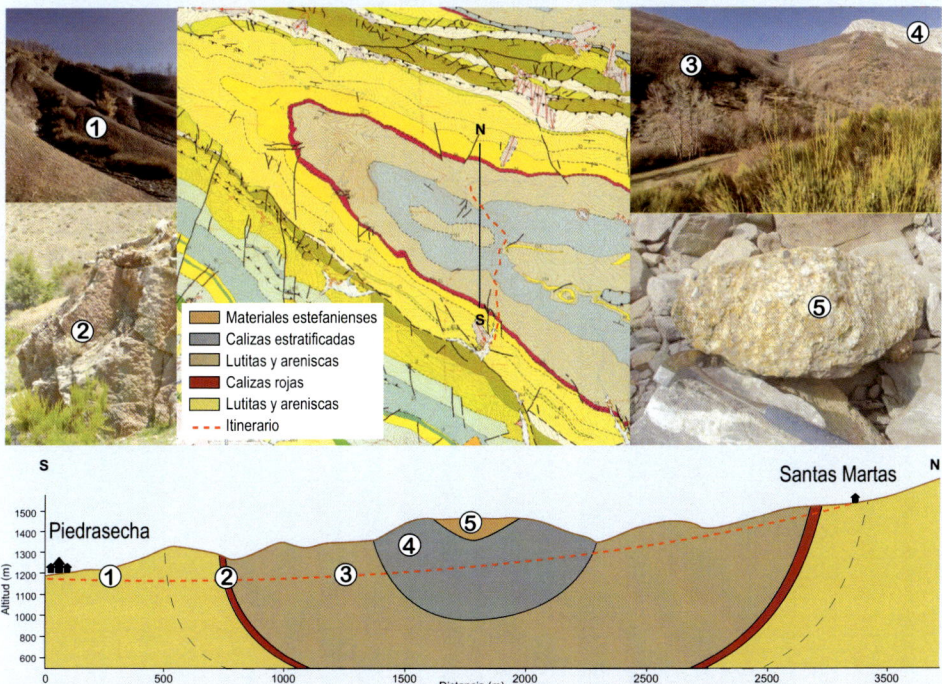

Materiales estefanienses
Calizas estratificadas
Lutitas y areniscas
Calizas rojas
Lutitas y areniscas
- - - Itinerario

Aunque no la atravesamos directamente, la parte más alta del sinclinal tiene un pequeño afloramiento de conglomerados de una formación más joven (Fm. San Emiliano, punto 5). Por este motivo, podemos encontrar numerosos bloques y cantos de estas rocas a lo largo del fondo del desfiladero.

El arroyo de Los Calderones atraviesa perpendicularmente los materiales rocosos plegados en el sinclinal de Alba, formando lo que en geomorfología estructural se conoce como *cluse*, que conforma el propio desfiladero. Un **cluse** se forma cuando la red fluvial atraviesa perpendicularmente las estructuras, en este caso los estratos que se ven afectados por el gran sinclinal de Alba.

Así, gracias a la acción erosiva del río, el itinerario nos brinda la oportunidad de atravesar por completo los dos flancos y el centro (zona de charnela) de este gran pliegue: en la primera parte del itinerario, saliendo de Piedrasecha, el camino recorre el flanco sur; en la segunda parte, el desfiladero atraviesa la zona de charnela del sinclinal pasando del flanco S al flanco N; mientras que la tercera parte de la ruta, en las proximidades de Santas Martas, transcurre por el flanco norte del sinclinal. En esta última zona se hace patente la repetición causada por el pliegue ya que se atraviesan las mismas formaciones estratigráficas que recorrimos en la primera parte pero en orden inverso.

Diversos modelados

En la superficie de la Tierra actúan diversos agentes geológicos externos como el agua en sus distintas formas, los cambios de temperatura, la gravedad, la actividad de los seres vivos (incluyendo a los humanos), el viento cargado de partículas, etc. Los resultados de esta actividad dependen de factores como el clima, el momento del año, la altitud, la orientación respecto al sol, etc. Pero, en todos los casos, se pueden identificar agentes que actúan sobre los materiales más superficiales del planeta.

En función de los procesos dominantes en cada momento y del tipo y disposición de las rocas sobre las que actúan, se generan las diferentes formas de erosión y depósito que son la base de los paisajes.

A lo largo de su dilatada historia geológica, nuestra provincia ha mostrado paisajes muy diferentes, pero en esta guía nos centraremos en cómo y por qué se forma el paisaje actual de la ruta de Los Calderones.

A la izquierda, aspecto de una zona aparentemente desprovista de vegetación y en la que se han desarrollado cárcavas generando un paisaje de tipo *badland*.

A la derecha, a pesar de no llevar agua ni estar estrechamente encauzado, este "camino de piedras" se reconoce como el lecho excavado y, al mismo tiempo, rellenado por un arroyo.

A modo de resumen de los procesos y formas que iremos viendo a lo largo de la ruta, podemos destacar los siguientes:

- **Escorrentía en zonas desprovistas de vegetación.** Se produce especialmente en aquellas laderas en las que, frecuentemente por actividad ganadera, se elimina la cubierta vegetal. Si las laderas están formadas por rocas poco resistentes, la posterior acción del agua de escorrentía y las diferencias de temperatura día/noche generan áreas con rocas desnudas y recorridas por cárcavas.

- **Dinámica fluvial** es decir, actividad realizada por el arroyo de Los Calderones. La erosión de este arroyo genera diferentes formas en el paisaje en función del tipo de roca que atraviesa. Por este motivo, en esta ruta tenemos dos tramos muy abiertos, con laderas de pendiente relativamente suave formadas cuando atraviesa rocas más débiles y otras zonas en las cuales se encuentra encajado en el desfiladero, al atravesar las zonas de calizas más resistentes a la erosión. También un cambio en el tipo de roca que atraviesa el río está en el origen de las pequeñas cascadas que se avistan en el último tramo de la ruta.

- **Dinámica kárstica**, que se refiere a la disolución de las calizas por el agua ligeramente ácida de la lluvia dando lugar a formas exo- (exteriores) y endokársticas (que están en el interior de la roca). Aunque la disolución kárstica es frecuente en las calizas de esta ruta, la marcada estratificación de las calizas y los llamativos pliegues que presentan, hacen que pase muy desapercibida.

- **Dinámica de laderas,** afectando a las zonas con mayores pendientes, especialmente en la entrada al desfiladero, donde los escarpes calcáreos afectados por fenómenos de gelifracción aportan clastos a la parte baja de la ladera, generando depósitos conocidos como canchales.

- **Acción de los seres vivos.** Plantas, hongos, líquenes, fauna silvestre y seres humanos y sus animales domésticos dejan también una impronta importante en el paisaje actual de esta garganta.

A la izquierda, ladera tapizada de canchales en una zona de alta pendiente donde la gelifracción y la gravedad se combinan para producir acumulaciones de cantos.

A la derecha, detalle de una caliza cuyas oquedades están siendo colonizadas por musgos, líquenes y pequeñas herbáceas. Sus procesos biológicos contribuyen a transformar esta roca en sedimentos.

1.6 La vida entre las rocas: notas sobre flora y vegetación

El llamado bosque de ribera

A ambos lados del arroyo, la humedad edáfica permite el desarrollo de la denominada vegetación riparia. Una peculiaridad remarcable de los cauces que atravesamos en la hoz de Los Calderones es que estos constituyen auténticas redes de dispersión de elementos de flora propios del clima templado que se aventuran hacia el sur, de forma que podemos encontrar saucedas riparias con una alta presencia de sauce cantábrico (*Salix cantabrica*). Este sauce es un arbusto de hasta 3 metros de altura con hojas y yemas característicamente pelosas con un tomento de largos pelos adheridos, sobre todo al envés de las hojas que le confieren un aspecto plateado y brillante. Además del sauce cantábrico, aparecen en los arroyos otras salgueras o paleras, nombres vernáculos utilizados para las distintas especies del género *Salix*, como *S. purpurea*, *S. eleagnos*, *S. atrocinerea* y *S. triandra*, entre otras.

Aunque, a primera vista, parezcan similares, en la ribera de este arroyo se encuentran diferentes especies de sauces. Arriba izquierda: *Salix eleagnos*. Arriba derecha: *Salix cantabrica*. Abajo izquierda: *Salix triandra*. Abajo derecha: *Salix purpurea*. La disposición de las hojas en el tallo, su forma, su pelosidad o la presencia de estípulas serán los rasgos que permitan su identificación.

Es frecuente la presencia de otras especies que conforman las orlas espinosas, como las zarzas (*Rubus* spp.) y rosas (*Rosa* spp.) y de herbáceas propias de suelos húmedos o encharcados, tales como la reina de los prados (*Filipendula ulmaria*), las mentas (*Mentha longifolia* y *M. suaveolens*) o las llamadas colas de caballo (*Equisetum arvense*).

Aspecto general de la vegetación de ribera presente en el arroyo de los Calderones.

En aquellos espacios donde el bosque ripario adquiere mayor desarrollo, podemos encontrar árboles entre los que destacan fresnos (*Fraxinus excelsior*), alisos (*Alnus lusitanica*) e incluso, algunos abedules (*Betula celtiberica*).

Sin duda, merece la pena detenerse en estas zonas frescas de ribera y contemplar la diversidad que atesoran estas formaciones vegetales, pudiendo comprobar el naturalista la función de los valles fluviales como corredores biológicos de características singulares.

Detalle de una hoja compuesta de un fresno *Fraxinus excelsior* (arriba a la izquierda), de las hojas e inflorescencias del aliso *Alnus lusitanica* (abajo a la izquierda) y de las sumidades floridas de la menta silvestre *Mentha longifolia* (derecha).

La vegetación de las laderas ricas en sílice

Gran parte de las laderas que atravesamos en el primer tramo de la ruta, hasta poco antes de entrar en la garganta, están constituidas por rocas silici-clásticas, formadas por granos (clastos) de cuarzo y otros minerales silíceos, además de por minerales de la arcilla, ricos también en el elemento sílice. Esta composición dota al suelo de un pH ligeramente ácido, que es propicio para el desarrollo de elementos de flora con preferencias acidófilas.

Hojas de *Quercus pyrenaica*, roble melojo o rebollo. En la parte superior se observa el aspecto de algunas hojas jóvenes de este árbol.

En el estrato arbóreo, los bosques se encuentran dominados por el roble melojo (*Quercus pyrenaica*). Los melojares son bosques autóctonos que se desarrollan en suelos silíceos, con un pH ligeramente ácido y que se encuentran adaptados a condiciones de submediterraneidad (a caballo entre los veranos húmedos y secos de la península). Los robles melojos se caracterizan por presentar marcescencia, un retraso en la caída de las hojas que provoca que estas se mantengan durante el invierno, hasta el empuje de las yemas de las nuevas hojas, en la siguiente estación. Las hojas secas proporcionan una coloración parduzca que, en primavera, es sustituida por los colores rojizos de las hojas tiernas, cubiertas de una densa pilosidad en haz y envés que es característica de esta especie. Su capacidad de rebrote favorece el proceso de colonización de estas masas forestales, incluso en terrenos inestables y con poco suelo.

Cuando estos bosques han sido perturbados, bien por la acción humana u otros factores o bien, cuando las condiciones edáficas o erosivas y/o la pendiente son factores restrictivos para el establecimiento del estrato arbóreo, se instalan comunidades arbustivas, dominadas principalmente escobas (*Cytisus scoparius*) y piornos (*Genista florida* subsp. *polygaliphylla*). En primavera, durante la época de floración, las laderas tapizadas por estos matorrales se observan como una explosión de colores verdes y amarillos de gran belleza y olor dulzón. No resulta sencillo diferenciar ambas especies, ya que sus flores son similares en color y forma. Para su correcta identificación en campo debemos fijarnos en el cáliz, parte externa de la flor que está unido al pedúnculo que la porta. Ambas especies muestran cáliz bilabiado (con un labio inferior y otro superior), pero el labio superior del cáliz está profundamente dividido en dos grandes dientes en *Genista florida* y apenas marcado en *Cytisus scoparius*. Estas comunidades cumplen un papel fundamental en la conservación de los bosques a los que orlan, ejerciendo una barrera protectora como amortiguadores de potenciales perturbaciones, luchando contra la erosión, como moduladores climáticos y, además, constituyendo un valioso refugio para fauna, funga y flora.

A la izquierda *Genista florida* con el labio superior del cáliz profundamente dividido en dos dientes y el inferior en tres. A la derecha *Cytisus scoparius* con cáliz bilabiado pero con divisiones poco profundas.

Sobre calizas y entre ellas

Como se indicó anteriormente, el valle que atravesamos se encuentra en una encrucijada climática: el límite entre los climas templado y mediterráneo. Este hecho ocasiona que, en las gargantas calizas como la que atravesamos en esta ruta, se refugien plantas características del clima mediterráneo, cuyas formaciones, en este caso, alcanzan sus límites septentrionales. Encinares colgados con encinas (*Quercus rotundifolia*) y sabinares de sabina albar (*Juniperus thurifera*) se encaraman sobre los crestones abruptos, soleados y carentes de cobertura edáfica (suelo), cuyas condiciones de xericidad y termicidad son más propias de su mundo original mediterráneo y que se encuentran sometidas, no solo al calentamiento diario, sino a un intenso enfriamiento nocturno. Además, en la propia garganta el viento se acelera, provocando un efecto desecante que genera un microclima más seco que el de su entorno. Su potente sistema radicular permite que estas formaciones desafíen no solo las duras condiciones climáticas, sino también la verticalidad, conformando un paisaje original de árboles salpicados en la roca, marcados por el estrangulamiento, el crecimiento lento y las formas caprichosas.

Además de las duras condiciones ecológicas, la verticalidad y las fuertes pendientes son un factor limitante para el establecimiento de las especies ve-

A vista de pájaro, las sabinas se observan como manchas verdes que salpican las calizas desnudas.

Imagen de sabina albar (*Juniperus thurifera*) que podemos encontrar creciendo sobre las calizas de este desfiladero.

getales. Pequeñas oquedades, fisuras y repisas permiten el establecimiento de comunidades muy especializadas, de escaso recubrimiento y pequeño porte, pero ricas en endemismos, es decir, especies de distribución geográfica restringida. Destacan las comunidades dominadas por la aromática rompepiedras (*Saxifraga caniculata*), que recubre las paredes creciendo en forma de

Rompepiedras (*Saxifraga canaliculata*).

Campanula arvatica, de flores azules y que es un endemismo de la cordillera cantábrica.

Draba dedeana un diminuto endemismo de la península que es una de las primeras plantas en florecer.

Dos helechos de pequeño porte que son fáciles de observar en esta ruta son la doradilla *(Asplenium ceterach),* izquierda; y el culantrillo menor *(Asplenium trichomanes),* derecha.

delicados cojines o pulvínulos, mediante el desarrollo de unas profundas raíces que se abren camino entre las hendiduras rocosas. En estas comunidades son comunes algunos endemismos del norte peninsular, de alto valor florístico, son por ejemplo *Campanula arvatica* y *Hieracium lainzii.* Comunes son también los helechos de pequeño porte como la doradilla (*Asplenium ceterach*), el cu-lantrillo de muro (*Asplenium ruta-muraria*) y el culantrillo menor (*Asplenium trichomanes*). Asociadas a los pastizales secos y las repisas de los roquedos, encontramos otras plantas de interés, como el alhelí cantábrico (*Matthiola perennis*) o el diminuto endemismo peninsular *Draba dedeana,* de floración precoz, al inicio de la estación primaveral.

El otro ambiente rupícola de Los Calderones lo constituyen las gleras, canchales o pedregales, en este caso, calizos, ambiente poco propicio para el desarrollo de plantas vasculares, pues se enfrentan al serio problema de la inestabilidad del terreno: cuanto más móvil sea este, más difícil será su super-vivencia. Para resistir en estas condiciones las plantas disponen de diferentes estrategias, entre las cuales el desarrollo de un potente sistema radicular es, quizás, la más importante, ya que las mantiene firmes en este sustrato móvil y les permite alcanzar las capas húmedas inferiores. Plantas tan llamativas como la boca de dragón (*Antirrhinum braun-blanquetii*), el vencetósigo, cuyo nombre alude a sus supuestas virtudes como antídoto universal (*Vincetoxicum hirundinaria*) o la vulneraria, llamada así también debido a sus propiedades para curar heridas (*Anthyllis vulneraria* subsp. *alpestris*), pueden verse en los canchales de esta ruta.

Izquierda: Vulneraria o *Anthyllis vulneraria* subsp. *alpestris,* que tiñe de amarillo buena parte de las gleras y pe-dregales durante su floración. Derecha: *Antirrhinum braun-blanquetii* conocida vulgarmente como boca de dragón.

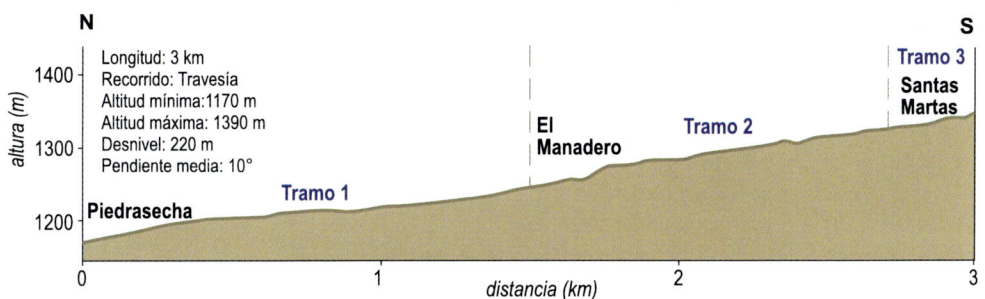

Perfil topográfico de la excursión del Desfiladero de Los Calderones donde se desglosan los datos técnicos.

2.1 TRAMO 1. Antes de la garganta

Inicio:	Restaurante El Manadero, en las proximidades de la plaza principal del pueblo.
Final:	Paraje El Manadero
Dificultad:	Fácil. El itinerario transcurre por una senda ancha y bien marcada.
Breve resumen geológico:	Atravesamos varios tipos de rocas organizadas en capas en disposición vertical que se encuentran en el flanco sur del gran pliegue sinclinal de Alba. Estos materiales tienen rasgos que nos permiten inferir su origen y están siendo modelados por diversos agentes geológicos externos recientes.

Las lutitas de la Formación Fueyo

Tras dejar atrás las últimas casas de Piedrasecha, a mano derecha, nos encontramos con una ladera cuya parte inferior llama la atención porque carece de vegetación y presenta numerosas cárcavas. Aunque aparece cubierta de fragmentos de roca, algunas zonas permiten ver la disposición original de los estratos que la forman.

Esta ladera está formada por una alternancia de capas de microconglomerados, areniscas y lutitas. Pertenecen a la llamada Formación Fueyo y el depósito de los sedimentos originales tuvo lugar durante el Devónico más tardío en ambientes marinos muy tranquilos (aguas poco agitadas) y con poco oxígeno.

Puesto que el oxígeno es un requisito para muchas bacterias que descomponen la materia orgánica, parte de los organismos cuyos cadáveres se depositaban en estos fondos no completaban su descomposición o se degradaban muy lentamente. Esto significa que, entre los granos de sedimentos hay aún materia orgánica sin descomponer, causante en gran medida del color negro de estas lutitas. Además, los procesos de descomposición liberaban sustancias como azufre y hierro que, combinados con otros elementos químicos, generan minerales como la jarosita, la hematites (también llamada oligisto) o la goethita. Cuando el agua de lluvia entra en contacto con estos minerales, los altera generando hidróxidos y sulfatos, además de Fe libre (Fe^{2+}). Estos elementos y compuestos acaban depositándose en los pequeños cauces de la ladera o en algunas grietas. Su presencia se pone de manifiesto en los colores amarillos y rojizos que aparecen en algunas superficies de la roca y que son debidos a su alteración al entrar en contacto con el aire y el agua superficiales.

Aspecto acarcavado de las lutitas de la Fm. Fueyo en la zona de inicio de la ruta, en las cercanías de Piedrasecha. Aunque la intensa meteorización ha cubierto la zona con fragmentos de roca, el sustrato organizado en capas es visible en algunas zonas donde la erosión ha sido más continuada y reciente.

Detalle de la ladera que permite reconocer la alternancia de capas de microconglomerados y areniscas (más resistentes y de tonos ocres) y lutitas (más débiles frente a la erosión y de tonalidades oscuras) que conforman este sustrato.

Estas rocas son muy ricas en minerales cuya alteración superficial es la responsable de las tonalidades ocres y rojizas que se observan en determinadas zonas del afloramiento.

En las zonas donde se aprecian los estratos, se observa que estos muestran diferentes disposiciones (desde verticales a horizontales) y que, con frecuencia, aparecen doblados en diversos tipos de pliegues, en ocasiones muy apretados y afectados por algunas fallas.

Con respecto al modelado más reciente de estos materiales, al tratarse de rocas detríticas formadas por granos de pequeño tamaño, lo usual en esta zona hubiera sido encontrar la formación cubierta por un suelo profundo con desarrollo de vegetación, normalmente de robledal de tipo melojo o rebollo, como puede apreciarse en la parte alta de la ladera. La presencia de roca desnuda en las proximidades del camino es un claro ejemplo de erosión del suelo, en este caso debido originalmente a la acción de los rebaños de ganado (ovejas y cabras) que salían del pueblo y buscaban comida en la ladera. Esta erosión ha acabado destruyendo no sólo la cubierta vegetal sino también el suelo que la sustentaba. Sin vegetación que proteja el sustrato de las lluvias, y tratándose de rocas impermeables, los procesos de escorrentía se han vuelto dominantes en esas zonas, generando amplias áreas con cárcavas, que en su conjunto reciben el nombre de *badlands*. Es la presencia de estas cárcavas la que nos permite observar en detalle las rocas.

Por encima de estas cárcavas, sujetando el suelo y de-

Aspecto de las capas intensamente plegadas de la Fm. Fueyo.

Cárcavas generadas por la acción del agua sobre sustratos impermeables y poco resistentes a la erosión. Se observan las marcas de arroyada y la presencia de materiales erosionados en la parte baja de estas pequeñas vaguadas. Esta imagen permite también apreciar cómo esta ladera está revegetándose de forma natural de tal forma que, si no se realizan intervenciones, en unas decenas de años volverá a estar cubierta por un bosque de robles.

En primavera las hojas recién nacidas del roble melojo enmarcan una parte del sendero, que transcurre ahora por unas laderas con matorrales.

teniendo el avance de la erosión por escorrentía, encontramos formaciones de roble, en este caso, el llamado melojo o rebollo (*Quercus pyrenaica*).

A mano izquierda del camino, unos metros por debajo del mismo, se encuentra el arroyo de Los Calderones, arropado por un pequeño bosque de ribera en expansión dentro del cual podemos observar fresnos (*Fraxinus excelsior*), alisos o humeros (*Alnus lusitanica*) y numerosas especies de sauces, pertenecientes al género *Salix,* más conocidas en la zona como salgueras, paleras o mimbreras, entre otras especies vegetales.

Las areniscas de la Formación Ermita y la peña El Serrón

Tras las cárcavas generadas en los materiales de la Formación Fueyo, el camino recorre una ladera sobre la cual se desarrolla diversa vegetación de matorral que, en general, nos impide ver el sustrato. En algún punto debajo de esta vegetación comienzan las rocas de la Formación Ermita. Está constituida por capas de microconglomerados silíceos, areniscas ricas en granos de cuarzo, y lutitas. Los sedimentos que las forman fueron depositados durante el Devónico más tardío y el inicio del Carbonífero pero en un ambiente marino más abierto y oxigenado que en el caso de la formación anterior.

Detalle de un afloramiento de rocas de la Fm. Ermita. Se trata de una sucesión de capas de microconglomerados, areniscas y lutitas (en este caso sin materia orgánica, de ahí que no tengan color negro). Como puede apreciarse, su posición horizontal original está alterada, ya que las capas aparecen con una disposición casi vertical.

Las rocas silíceas detríticas, como las que forman esta parte de la ladera suelen meteorizarse con cierta facilidad por diversos procesos relacionados con los cambios de temperatura (contraste de temperatura día/noche; efecto cuña del hielo que se introduce como agua en las grietas; etc.), así como por la acción de las raíces de los vegetales y la acción de otros seres vivos. Cuando se meteorizan, generan suelos ricos en arenas y limos que se colonizan por vegetación acidófila (que prefiere sustratos con pH ácido como los aportados por las rocas ricas en sílice) con cierta rapidez.

Las capas más ricas en cuarzo son especialmente resistentes a esta erosión y, por este motivo, sobresalen entre aquellas que ya han sido erosionadas; es el caso de la peña El Serrón. Se trata de un relieve aislado, formado por unas capas de cuarzoarenitas (areniscas formadas principalmente por granos minerales de cuarzo) con orientación vertical que destaca en el paisaje por su resistencia a la erosión y por la presencia de una falla que desplaza hacia el norte parte de este resalte.

La peña llamada El Serrón, constituida por cuarzoarenitas muy resistentes a la erosión, destaca como un relieve aislado en el camino hacia la garganta de Los Calderones. Aquí se puede notar la diferencia de aspecto que presentan, en los afloramientos en el campo, las rocas con composición silícea como la peña del primer plano y las calizas, de una tonalidad gris clara, que aparecen al fondo de la imagen.

Son varios los líquenes saxícolas (que viven sobre rocas) que crecen sobre la peña de El Serrón. Entre ellos, destacan *Pleopsidium oxytonum* (izquierda) y *Rhizocarpon geographicum* (derecha). Especialmente en el segundo, se aprecia cómo el crecimiento del hipotalo (parte del hongo) confiere una tonalidad oscura a la superficie de esta roca, cuyo color original es ocre claro.

Al atravesar las últimas capas de la Fm. Ermita, el camino nos permite ver el resto de las formaciones que vamos a atravesar a lo largo del camino: Vegamián, Alba, Fueyo y Barcaliente.

La Formación Vegamián, lutitas negras de nuevo

La Formación Vegamián está constituida por lutitas, rocas detríticas generadas a partir de sedimentos de tamaño limo y arcilla, depositados en un medio marino de muy baja energía a comienzos del Carbonífero. Al igual que ocurría con algunas capas de la Formación Fueyo, estas lutitas tienen un color negro muy llamativo indicativo de su contenido en materia orgánica, en general procedente de cadáveres parcialmente descompuestos. Estas observaciones apuntan a que su depósito se produjo en un ambiente marino muy tranquilo y con bajo contenido en oxígeno.

La Fm. Vegamián está formada por lutitas negras entre las que se intercalan algunas capas de areniscas. Debido a que se trata de una formación muy delgada y a que estas lutitas se erosionan fácilmente, suelen pasar desapercibidas. En el camino de Los Calderones se observa justo antes de las calizas rojas de la Fm. Alba, y el contraste cromático y de resistencias permite reconocer ambas con facilidad.

Como el resto de la serie que atravesamos, las capas de esta formación están verticalizadas y pueden presentar pliegues y fallas, consecuencia de la intensa deformación sufrida.

Se trata de un conjunto de rocas que suele pasar desapercibido por varios motivos. El primero de ellos es que se trata de una formación de poco espesor (raramente alcanza los 5 metros de grosor, es decir, es muy delgada). Además, se meteoriza con facilidad y suele estar cubierta por derrubios de rocas procedentes de la Fm. Ermita, topográficamente sobre ella.

La Formación Alba, unas calizas con color de guinda

Se trata de una formación muy sencilla de reconocer y que aflora con mucha frecuencia en la montaña central leonesa. Está formada por calizas constituidas por minúsculos cristales de calcita (invisibles al ojo humano y que reciben el nombre de micrita) junto a diversos minerales arcillosos y algunos óxidos de hierro. Estos últimos aportan a las rocas unas tonalidades rojizas, rosadas o verdes. Además, algunas capas de estas calizas han desarrollado una marcada nodulosidad (es decir, que parecen formadas por irregularidades de forma y tamaño diverso). Tanto el color rojizo como el aspecto noduloso hacen de ellas unos materiales fácilmente reconocibles, que han recibido el nombre de calizas *griotte*, una palabra francesa que se traduce como *guinda*.

Fm. Alba. A la izquierda, afloramiento de la Fm. Alba tal y como aparece en el camino, que corta las características capas de calizas rojas y nodulosas de esta formación. A la derecha, se muestra un detalle de estas calizas en el que se destaca su aspecto noduloso.

En estas calizas se han hallado numerosos fósiles de organismos macroscópicos pelágicos, es decir, correspondientes a seres vivos que nadaban en la columna de agua, como los goniatítidos y los ortocerátidos. También hay fósiles de organismos bentónicos, habitantes de fondos marinos, como equinodermos de tipo crinoideos, pequeños corales y braquiópodos. Son también comunes los fósiles microscópicos como los caparazones de foraminíferos y los conodontos. El estudio de estos fósiles ha permitido datar este depósito con bastante precisión dentro del Carbonífero temprano.

Junto con el análisis de la propia roca, estos fósiles indican que los sedimentos que han dado lugar a estas calizas se depositaron en fondos marinos lejos de la costa, bajo aguas tranquilas, posiblemente profundas y con poca luz. Gracias a estos estudios, también sabemos que esta formación es lo que se denomina una *sucesión condensada*, es decir, que los sedimentos se depositaron muy lentamente a lo largo de millones de años; en este caso se ha calculado un ritmo de depósito de unos 5 mm de sedimento cada mil años.

Las calizas de la Fm. Alba son relativamente ricas en fósiles de organismos marinos, aunque muchos de ellos aparecen fragmentados. La imagen muestra el característico tono rojizo que presenta esta roca, con varios nódulos más grisáceos y un fósil corporal, en este caso un fragmento del tallo (artejo) de un equinodermo denominado crinoideo. El ancho de la imagen es de unos 15 cm.

Tanto en la ciudad de León como en muchos pueblos de la montaña leonesa, las calizas griotte se han utilizado en la construcción y revestimiento de edificios. Es famosa la iglesia de Lois, por ejemplo, pero también otros edificios menos espectaculares y que dotan a algunos de nuestros pueblos de un marcado color rojizo. En muchas de estas rocas de construcción es posible encontrar fósiles más o menos completos de los organismos que habitaban las aguas del mar en el que se depositaron estos sedimentos. En la imagen, dos goniatites con diferente tipo de fosilización (izquierda y centro) y unos tallos de crinoideos (derecha), todos ellos procedentes de rocas de construcción de la ciudad de León.

Entre los estratos calcáreos de la Fm. Alba destaca la presencia anómala de niveles de rocas de grano muy fino, laminadas y sin nódulos, que reciben el nombre de **radiolaritas.** Este nombre es debido a que están principalmente formadas por caparazones de radiolarios, unos organismos del filo Sarcodina, cuya única célula está recubierta por un esqueleto de ópalo, es decir de sílice criptocristalina (con cristales tan pequeños que no pueden ser observados a simple vista). Al morir, estos organismos pelágicos caían al fondo donde sus caparazones se acumularon generando, con el paso del tiempo, estas rocas.

Las radiolaritas de la Fm. Alba fueron utilizadas por los primeros pobladores de León para la fabricación de herramientas prehistóricas. Un ejemplo del uso de estos materiales se encuentra en los materiales líticos hallados en la cueva de El Espertín (Cuénabres, Burón), donde se encuentra un taller de fabricación de herramientas en piedra datado hace unos 7000 años (Mesolítico).

Como el resto de los estratos que conforman el flanco sur del sinclinal de Alba, los estratos de la Formación Alba muestran una disposición vertical, formando una llamativa cresta rojiza, también visible al otro lado del arroyo de Los Calderones. Mirando atentamente a estos estratos, se puede apreciar la presencia de distintas fallas de disposición N–S que desplazan esta cresta en varias ocasiones.

 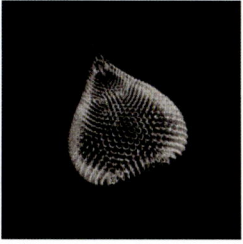  

Izquierda: Fragmentos de la capa de radiolaritas que se encuentra entre las calizas de la Fm. Alba. Ambos tipos de rocas se diferencian bien porque las radiolaritas (situadas bajo la escala) son rocas de grano muy fino, tono rojo oscuro, rotura regular en forma de cubos y presentan una laminación; mientras que las calizas (sobre la escala) suelen tener colores más diversos, romperse de forma más irregular y carecen de la laminación citada. Centro: Imagen de un radiolario, *Theocotylissa ficus* Ehrenberg - Radiolarian (34638920262) | Openverse. Derecha: Las radiolaritas son rocas formadas por cristales de cuarzo muy pequeño y, por tanto, se comportan como cherts, pudiendo ser tallados con facilidad. De ahí su uso en la prehistoria como material de talla. En la imagen, muestras procedentes de la cueva de El Espertín (fotografía cedida por Natividad Prieto, del Área de Prehistoria de la Universidad de León).

Foto de la Fm. Alba en la ladera contraria a aquella por la discurre la ruta. La desaparición de estas capas grises a media ladera es debida a la presencia de fallas que desplazan estas rocas y que se observan mejor en fotografías aéreas.

La Formación Olleros, un depósito marino profundo

Tras la Fm. Alba, la ladera está constituida por una monótona sucesión de rocas que recibe el nombre de Fm. Olleros. Está formada básicamente por la repetición de parejas de capas de partículas más gruesas (areniscas) y otras más finas (lutitas).

Esta composición y la presencia de determinadas estructuras indican que los sedimentos originales se depositaron mediante las llamadas **corrientes de turbidez.** Es por ello que a los materiales así acumulados se les conoce con el nombre de **turbiditas** o **flysch** (que en alemán significa "resbalar"). Su depósito se realiza por grandes flujos de sedimentos submarinos, procedentes de la erosión de zonas continentales próximas, y que se depositan en fondos marinos de cierta profundidad. La movilización del material suele deberse a inestabilidades (como, por ejemplo, terremotos o la inclinación del terreno) que están a su vez vinculadas a procesos tectónicos, como la formación de cordilleras.

Aspecto general (arriba e izquierda) y de detalle (derecha) de la Fm. Olleros. En todas las imágenes se aprecia la ciclicidad, es decir, la repetición de conjuntos de rocas con unas determinadas características. Cada uno de estos conjuntos procede de un episodio en el que una corriente de turbidez procedente del continente se deposita en el fondo marino.

Al igual que el resto de los estratos que estamos recorriendo en esta ruta, las capas de la Fm. Olleros están plegadas. En muchos casos, sin embargo, las capas quedan ocultas por los numerosos fragmentos de lutitas que resultan de la exposición de estas rocas a los agentes geológicos externos. Allí donde la pendiente es menor y hay aporte periódico de agua, sobre estas rocas puede llegar a desarrollarse un suelo y, por tanto, vegetación.

Del mismo modo que ocurría en la Fm. Fueyo, al principio de nuestro itinerario, esta formación ha sido afectada, en las zonas más pendientes, por procesos de escorrentía que han generado algunas zonas de cárcavas.

La Formación Barcaliente, la roca donde se talla la garganta

Tras las capas de la Fm. Olleros, el camino atraviesa las calizas finamente estratificadas de la Fm. Barcaliente, en las cuales el arroyo de Los Calderones ha labrado su garganta. Su presencia en el paisaje es muy significativa por su color claro y por su escasez de vegetación, ya que se trata de rocas que no permiten el desarrollo de suelos profundos. Su aparición marca el comienzo del desfiladero que el arroyo de Los Calderones ha excavado al atravesar estas rocas. Se trata, además, de rocas cuya resistencia ha permitido equipar varias vías de escalada.

Antes de entrar en estas calizas, merece la pena detenerse en la zona de contacto entre las dos formaciones (Olleros y Barcaliente), donde el fuerte contraste litológico ha generado un marcado cambio de pendiente.

Esta zona de contacto no se aprecia bien puesto que está cubierta por canchales, es decir, por depósitos formados por fragmentos rocosos procedentes de la fracturación de los escarpes superiores. El agua se introduce por los abundantes planos de estratificación y grietas que tiene esta caliza y, al congelarse, aumenta su volumen, fracturando las rocas mediante el conocido efecto cuña. Este proceso recibe el nombre de **gelifracción** (palabra que viene a significar *rotura por el hielo*). Debido a la gravedad, los fragmentos de roca así originados caen al pie del escarpe generando una orla de pedreros. También es posible que la formación de estos conos se haya visto favorecida por la presencia de aludes de nieve.

Estos depósitos, que testimonian la actual dinámica gravitacional de esta ladera, son también habituales a lo largo del desfiladero y en especial al pie de las canales laterales. Allí donde el arroyo no las ha erosionado, se observan sus típicas formas en abanico.

Zona de contacto entre las turbiditas de la Fm. Olleros (abajo, derecha) y las calizas de la Fm. Barcaliente (arriba, izquierda). Este contacto aparece cubierto por una orla de canchales, generados por el proceso de cuña del hielo (gelifracción) y por el efecto de la gravedad, sin descartar la acción de los aludes de nieve.

2.2 TRAMO 2. Atravesando la hoz

Inicio: Paraje El Manadero

Final: Salida de la garganta

Dificultad: Media (por tener que atravesar zonas irregulares con bloques en el lecho del arroyo o por tener que sortear zonas heladas en invierno).

Breve resumen geológico: A lo largo de este tramo se atraviesa el núcleo del sinclinal de Alba, constituido por las calizas de la Fm. Barcaliente, caracterizado por la posibilidad de observar numerosos pliegues y fallas.

Este tramo transcurre atravesando la Formación Barcaliente, un conjunto de calizas muy común en la montaña leonesa. En corte fresco (sin alterar), estas rocas tienen coloración muy oscura y cierto olor fétido que se aprecia cuando las golpeamos y que es debido al contenido en azufre, vinculado a la presencia de materia orgánica parcialmente descompuesta. Otro rasgo de esta formación es que las calizas están organizadas en estratos delgados y muy marcados. Esta estratificación no sólo ha favorecido el intenso plegamiento de las rocas, aumentado con creces el espesor real de la formación, sino que también resalta los pliegues de tamaño medio que han quedado expuestos al seccionar las rocas.

Aspecto de las calizas de la Fm. Barcaliente. En muchos tramos, estas calizas están dispuestas en estratos de poco espesor y bien diferenciados. Esta organización tiene implicaciones geológicas importantes, ya que facilita su plegamiento. También hace que se erosionen más fácilmente, ya que cada superficie entre estratos es un plano de debilidad por el que actúan agentes externos como el agua que la disuelve, el hielo que la fragmenta o las raíces de diversas plantas que alteran la roca.

Contienen muy pocos fósiles de organismos tanto macroscópicos como microscópicos, pero su estudio ha permitido saber que se depositaron en un mar poco profundo del Carbonífero temprano, posiblemente con alta tasa de sedimentación.

Por tratarse de calizas, unas rocas solubles que se disuelven al contacto con el agua ligeramente ácida de la lluvia, este macizo muestra el llamado **modelado kárstico,** caracterizado por la filtración y circulación del agua en el interior del mismo hasta su salida a la superficie.

Así, en toda la garganta, pero principalmente en esta primera zona, pueden observarse ejemplos significativos de formas de disolución exokársticas (exteriores) como lapiaces o dolinas.

También existen fenómenos ligados a las formas endokársticas, como la cueva de Las Palomas que alberga una estatua de una virgen y el propio manantial de El Manadero.

Mientras el sistema subterráneo mantenga su nivel freático elevado, el agua circula en superficie. Esto sucede fundamentalmente en épocas de fuertes lluvias o durante la fusión de las nieves. Cuando el nivel del agua desciende dentro del sistema kárstico, el arroyo se infiltra en una zona de **sumidero**, quedando un sector del río totalmente seco y circulando el agua por una serie de conductos subterráneos producidos por la disolución kárstica. Finalmente, el arroyo vuelve a surgir en la zona conocida como El Manadero, una **surgencia kárstica** en cuyas inmediaciones se ha instalado una fuente.

Esta vista, tomada mediante un dron, nos muestra las calizas de la Fm. Barcaliente en la parte alta del desfiladero. En ellas, se pueden observar diferentes procesos kársticos, especialmente oquedades producidas por disolución. En primer plano, y con un tono ocre diferente, se sitúan unas capas de dolomías, rocas procedentes de la transformación de las calizas por el ascenso de fluidos hidrotermales.

Aspecto de la cueva de Las Palomas, habilitada para prácticas religiosas. Merece la pena preguntar por los diversos acontecimientos históricos vinculados a esta cueva, que numerosas personas de la localidad recuerdan y cuentan al senderista.

Este lugar se conoce con el apropiado nombre de El Manadero, ya que aquí las aguas del arroyo vuelven a salir a la superficie después de circular por conductos subterráneos al atravesar la garganta.

Las dolomías

Desde el inicio de la entrada en la garganta, pero también en las partes más centrales del pliegue, destaca la presencia de rocas de tonalidades pardo-amarillentas y grises oscuras mezcladas con las típicas calizas de color gris claro. Se trata de dolomías, unas rocas formadas principalmente por el mineral dolomita. Como ocurre con la calcita ($CaCO_3$), el mineral que forma las calizas, la dolomita es un carbonato de calcio , pero en este caso tienen también magnesio en su red cristalina, siendo su fórmula $CaMg(CO_3)_2$.

Bajo determinadas condiciones ambientales se pueden formar dolomías a partir del depósito de dolomita, pero el origen de las que aquí vemos es secundario, es decir que procede de la transformación de calizas. Dicha transformación está relacionada con la entrada de fluidos hidrotermales ricos en Mg que transforman las calizas (carbonatos de Ca con poco Mg) en dolomías (carbonatos de Ca, pero con alto contenido en Mg). Para su ascenso, estos fluidos aprovecharon las fallas producidas durante la orogenia varisca y en eventos tectónicos posteriores.

A pesar de su estrecha relación con las calizas, las dolomías generan suelos ligeramente diferentes de los que se desarrollan sobre estas. Ello es debido a varios factores físico-químicos, como la mayor solubilidad de la calcita, la formación de cristales de mayor tamaño en las dolomías o las diferencias de comportamiento de las arcillas magnésicas. El resultado es que las dolomías tienen una textura de tipo arenoso, con partículas mayores y más sueltas, que muestran una menor capacidad de retención de agua. De ahí que la vegetación que se instala sobre los suelos dolomíticos sea un poco más xerófila (soporta mejor la falta de humedad).

En primer término, se aprecian unas dolomías cuyo aspecto y color contrasta con el que presentan las calizas situadas al fondo de la imagen. Tanto la textura de tipo "arenoso" como el color de meteorización permiten diferenciar ambas rocas.

Desde el punto de vista geológico, hay dos aspectos que marcan de forma especial este tramo: los pliegues a escala media y el modelado de la propia garganta.

Los pliegues menores

Como se ha indicado previamente, la propia garganta recorre la parte central o núcleo del sinclinal de Alba. La excavación realizada por el arroyo ha expuesto la intensa deformación tectónica que han sufrido estas rocas, que se evidencia por la presencia de pliegues, usualmente denominados pliegues menores, secundarios o parásitos, especialmente numerosos en la propia charnela.

La presencia de numerosos pliegues menores, vinculados a la formación del gran plegamiento del sinclinal de Alba, y la vegetación que se instala sobre ellos dotan a esta garganta de una belleza sobrecogedora.

Son pliegues de segundo orden que se organizan dentro del pliegue principal (en este caso, el propio sinclinal de Alba) de un modo muy concreto. Así, en las zonas de charnela, se forman pliegues simétricos, con formas en M o en W. Mientras que en los flancos los pliegues son asimétricos y tienen forma de S o Z, según el flanco en el que se encuentren. Si se quiere realizar observaciones para comprobar esta disposición, deben hacerse siguiendo una referencia. Por ejemplo, consideremos que la persona que observa mira siempre hacia el oeste (pared izquierda del desfiladero en lo que sería la ida de la ruta). Según este esquema, en la primera parte del desfiladero deberíamos observar pliegues en S. En la zona central, los pliegues menores se vuelven más apretados, dominando las morfologías de tipo chevron, con charnelas muy agudas y formas que nos recuerdan a una W, en ocasiones torcida. A la salida del desfiladero las capas adquieren formas en Z, lo que nos indica que hemos pasado ya al flanco norte del sinclinal de Alba.

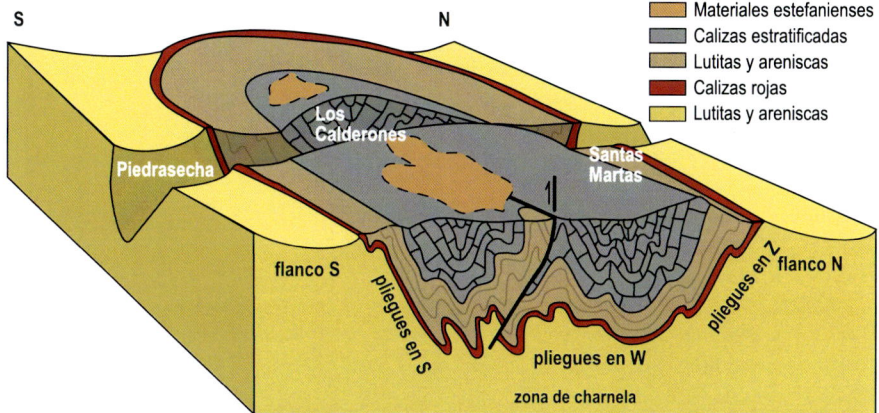

Sección transversal esquemática que muestra la disposición general de los pliegues secundarios dentro de la charnela (área donde cambia la inclinación de las capas) del sinclinal de Alba. El esquema muestra la variación en el dibujo de los pliegues tal y como los vemos al atravesar el gran sinclinal. En la parte superior, se ha marcado también la posición de las rocas situadas en la parte alta del pliegue (color marrón anaranjado). La incisión del arroyo de los Calderones va desestabilizando estas zonas superiores por lo que es habitual encontrarse algunos bloques, usualmente de conglomerados, a lo largo del fondo del desfiladero.

El modelado de la garganta

Las hoces (también conocidas como foces, escobios, gargantas o desfiladeros) son valles angostos con paredes marcadamente verticales que resultan de la acción fluvial al atravesar materiales resistentes, como en este caso las calizas. Es importante destacar que, en este tipo de rocas, las gargantas se generan por dos acciones complementarias: 1/ La erosión mecánica, realizada no tanto por el agua sino por los materiales que transporta, y evidenciada por la presencia cantos rodados y marmitas de gigante que se observan en el lecho del arroyo. 2/ La disolución de las propias calizas por el agua de lluvia o la que queda estancada entre sus paredes, que da lugar a un modelado kárstico. Estos procesos químicos son responsables de la presencia de cuevas de diversas dimensiones y a la propia circulación subterránea del arroyo.

1/ Erosión mecánica

A lo largo de toda la garganta, el lecho del río está cubierto por cantos de diferentes tamaños y composición, en su mayoría transportados durante momentos de avenidas y depositados cuando el agua pierde energía. Una actividad curiosa que podemos desarrollar al cruzar el desfiladero es observar la gran diversidad de tipos de roca que aparecen. La mayoría de estos bloques proceden de las laderas y, por tanto, son de calizas. Pero también encontramos las areniscas y lutitas que conforman el último tramo de la ruta.

Entre estos cantos, resulta especialmente llamativa la presencia de grandes bloques de conglomerados, unos materiales que no forman parte de las paredes del desfiladero, lo que hace suponer que han sido arrastrados por el río desde zonas más alejadas. Se trata de los conglomerados de la Fm. San Emiliano que se ubican en las partes altas de los escarpes calcáreos. El gran tamaño de estos bloques hace pensar en procesos de **avalanchas de rocas**, ahora desmanteladas por la acción del río. Las calizas sobre las que se ubican estos conglomerados están siendo erosionadas por el río y los conglomerados superiores quedan descolgados hasta que una buena porción cae al río, donde son arrastrados aguas abajo. Además, y puesto que los conglomerados están formados por cantos de cuarcita, una roca muy resistente a la erosión, en el lecho encontramos muchos de estos cantos cuyo choque contra la caliza acelera la abrasión física y facilita la disolución química de estos materiales, intensificando la erosión de las propias paredes y del fondo del desfiladero.

Además de la presencia de diversos cantos tapizando el lecho del río, otra evidencia de la acción mecánica producida por estos es la presencia de varias marmitas de gigante, que se aprecian allí donde la ausencia de cantos deja ver el sustrato sobre el que se excava la garganta.

2/ La disolución kárstica

Posiblemente el elemento que más pone en evidencia su existencia, es la circulación subterránea del agua, que acontece en todos los momentos excepto en aquellos que siguen a grandes lluvias y/o deshielos importantes.

Otros elementos propios de la disolución son las numerosas cuevas desarrolladas en las paredes de las calizas, aunque muchas de ellas no se aprecian por estar a cierta altura o tener entradas de pequeño tamaño.

Dos imágenes de la garganta a lo largo de su travesía. A la izquierda, aspecto general de la garganta, con el suelo cubierto de cantos formados por diferentes tipos de rocas, a modo de muestrario de los materiales geológicos que atraviesa este arroyo. A la derecha, detalle de una marmita de gigante, es decir, una pequeña depresión en la roca que puede conservar agua durante varios días y que resulta de la acción mecánica de las rocas que transporta el arroyo en zonas de alta turbulencia en épocas de crecida. Aguas arriba de la marmita, se encuentra un gran canto de conglomerado.

Una imagen poco usual: la garganta de Los Calderones con agua tras un episodio de intensas lluvias. Foto cedida por Carlos López Vázquez.

Formación de hoces en las montañas de León

En la cordillera Cantábrica, la formación de gargantas está relacionada con un ascenso continental debido a reajustes isostáticos. En otras palabras: tras la orogenia alpina que elevó las actuales montañas cantábricas, estas comienzan a erosionarse, el continente pierde peso y, en consecuencia, asciende. Este ascenso incrementa el desnivel total desde el nacimiento de los ríos a su desembocadura, por lo que aumenta su energía y su capacidad de erosión del lecho. Durante el Cuaternario (últimos 2,5 Ma aproximadamente), en la cordillera Cantábrica se ha calculado una incisión de los ríos de unos 200-300 m de desnivel.

Esta incisión se produce en todos los valles, pero las rocas más resistentes permiten que las paredes se mantengan verticalizadas por más tiempo, mientras que en las zonas más blandas las pendientes se suavizan rápidamente debido a deslizamientos y flujos.

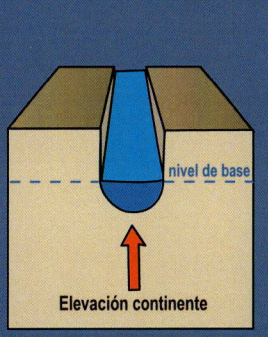

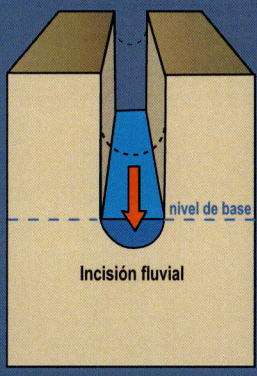

nivel de base

nivel de base

Incisión fluvial

Elevación continente

La elevación del continente por isostasia es un proceso equivalente al que ocurre en un *iceberg* cuando se funde. La masa de hielo tiende a mantener una cierta proporción de hielo por encima del agua, por lo que el iceberg se eleva tirando de su parte sumergida. En las montañas ocurre lo mismo, la montaña, al erosionarse, tira de su raíz para equilibrar su masa que "flota" sobre el manto terrestre.

2.3 TRAMO 3. Tras la garganta

Inicio:	Salida de la garganta de Los Calderones
Final:	Vega de Santas Martas
Dificultad:	Fácil, aunque en algunos puntos la ruta puede tener barro y hay que hacer pequeños retrepes sobre algunas capas de rocas.
Breve resumen geológico:	En este tramo se atraviesa el flanco norte del sinclinal de Alba y, por tanto, repetimos formaciones ya vistas en la primera parte de la ruta, aunque en este caso con peores condiciones de observación, de ahí que utilicemos el tramo para mostrar principalmente aspectos de modelado, vegetación y usos.

Tras el desfiladero, el valle se abre formando una vega que ha sido aprovechada como pastos de verano hasta muy recientemente. Esta apertura de la ruta es debida a lo que comúnmente se conoce como erosión diferencial. Es decir, cuando un agente geológico externo, en este caso el agua, atraviesa materiales más débiles como las alternancias de lutitas y areniscas, el resultado son valles relativamente amplios como los que atraviesa este tramo o los que inician la ruta. En cambio, las rocas que oponen mayor resistencia a la erosión, como las calizas, generan valles más angostos y con las paredes más verticales, es decir, desfiladeros.

Otro ejemplo de erosión diferencial que se aprecia también en este tramo son los relajantes saltos de agua que se encuentran próximos a la vega de Santas Martas. Su origen está relacionado con la presencia de potentes bancos de areniscas de la Fm. Olleros, que en este sector se encuentran muy verticalizados, por lo que ejercen mayor resistencia a la erosión.

 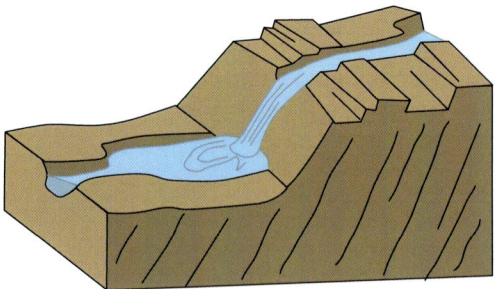

Cascadas en las proximidades de la vega de Santas Martas y esquema que muestra la formación de estas cascadas, asociadas a capas de areniscas con disposición vertical que ofrecen resistencia a la erosión frente al agua del arroyo.

El camino finaliza en una zona abierta denominada la vega de Santas Martas. Geológicamente, se sitúa en el flanco N del sinclinal de Alba, donde vuelve a aparecer la Fm. Olleros. Al acercarnos a esta vega, lo que notamos en nuestro paseo es un cambio importante en el paisaje que nos rodea, ya que pasamos de movernos entre calizas (las hoces, Fm. Barcaliente) a caminar sobre las alternancias de areniscas y lutitas que forman la vega (Fm. Olleros). Se observa cómo las laderas presentan menor inclinación y el fondo del valle aumenta ligeramente en su anchura, dando lugar a la presencia de suelo que posibilita la creación de prados de siega y diente (pasto), generadores de una rica comunidad florística de pastizal.

Aspecto, en primavera, de la vega de Santas Martas. Esta se sitúa sobre las lutitas y areniscas de la Fm. Olleros, en una zona amplia que también tiene depósitos fluviales. La actividad ganadera ha propiciado el desarrollo de una importante flora y fauna en estos prados de diente.

En este lugar estuvo emplazado el pueblo de Santas Martas, que contaba con una abadía a cuya ermita podrían corresponder algunos de los restos que hoy podemos ver, reaprovechados parcialmente para construir edificios vinculados al ganado, que ocasionalmente ocupa la vega en verano.

La desaparición de este pueblo se ha venido relacionando con un animal desgraciadamente maldito: la vacaloria, vacalloira o vaquiruela (una salamandra). Se cuenta que este anfibio estaba en el agua con la que se amasó el pan de la caridad dominguera, muriendo todos los vecinos menos uno al día siguiente a haberse repartido el pan en la misa. La persona que no murió fue una mujer que, por estar enferma, no pudo acudir a la misa ni, por tanto, comulgar. Tras quedarse sola, la leyenda cuenta que tuvo que abandonar el pueblo y fue acogida por las monjas de Otero de las Dueñas.

Obviamente, esta leyenda carece de fundamento, ya que las toxinas liberadas por la piel de las salamandras no son venenosas, ni para humanos ni para otros animales, aunque su desagradable sabor permite a este animal usarlo como defensa ante posibles depredadores. Se trata de un ejemplo más de leyendas que se asocian a animales inofensivos, aunque su aspecto y el desconocimiento sobre su biología hayan conducido a señalarlos como seres infernales. En la actualidad, es importante reconocer su valor ecológico y su importancia en unos ecosistemas cuya conservación está amenazada por el cambio en las condiciones climáticas. Estos bellos anfibios son especialmente frágiles a las alteraciones en su medio por su característico ciclo biológico, asociado estrechamente a ambientes húmedos como estas vegas.

Las salamandras son anfibios especialmente frágiles. Como el resto de los habitantes naturales de estas vegas deben ser tratados con sumo respeto.

Es interesante también apuntar que al pueblo de Santas Martas se llegaba por el Collado del Fito desde Santiago de las Villas o desde Los Barrios de Gordón ya que el paso de Los Calderones no se consideraba adecuado. Este paso no fue arreglado hasta mediados del siglo XX, momento en que se construyó una calzada que permitía el tránsito de viejas camionetas empleadas por la industria maderera. Tras una tormenta y riada consecuente, el camino de Los Calderones se volvió impracticable para los vehículos, tal y como hemos comprobado durante el recorrido.

Al llegar a la vega de Santas Martas, se puede continuar la ruta siguiendo un itinerario marcado por el Grupo de Acción Local (GAL) Cuatro Valles. Tras una parte circular, de unos 3 km de longitud, esta ruta regresa a la propia vega y vuelve a recorrer la garganta en sentido contrario. Además, parte de la misma transita el llamado *Camino olvidado*, uno de los senderos tradicionales de peregrinación a Santiago de Compostela.

En cualquier caso, el regreso al punto de partida supone atravesar de nuevo la garganta. Un paraje que ahora podremos disfrutar de otra forma, una vez comprendido lo que ven nuestros ojos y siendo conscientes del enorme valor natural del territorio que atraviesa este sendero.

Para saber más...

- Alonso Herrero, E. (editor). 2004. Guía geológica visual de León. Editorial Celarayn.
- Geolodía 2016. De Pangea al paisaje. Los Calderones–Piedrasecha. https://geolodia.es/geolodia-2016/leon-2016/
- Guía del Patrimonio geológico de las comarcas de Cuatro Valles. 2013. Tomero y Romillo Servicios Ambientales. GAL Cuatro Valles.
- Mapa geológico de España. Serie Magna, escala 1:50.000. Hojas 103 La Pola de Gordón y 129 La Robla.
- WEB Asturnatura. https://www.asturnatura.com/turismo/guia/desfiladero-de-los-calderones-4189